空间分析综合实验教程

KONGJIAN FENXI ZONGHE SHIYAN JIAOCHENG

李少英　吴志峰　肖露子　王　芳　罗研帆　编著

图书在版编目(CIP)数据

空间分析综合实验教程/李少英等编著. —武汉:中国地质大学出版社,2024.11. —ISBN 978-7-5625-6018-0

Ⅰ.P208-33

中国国家版本馆 CIP 数据核字第 20247HR216 号

空间分析综合实验教程	李少英　吴志峰　肖露子　王　芳　罗研帆　**编著**

责任编辑:周　豪	选题策划:周　豪	责任校对:徐蕾蕾

出版发行:中国地质大学出版社(武汉市洪山区鲁磨路388号)　　　　　　　　　邮编:430074
电　　话:(027)67883511　　　传　　真:(027)67883580　　　E-mail:cbb@cug.edu.cn
经　　销:全国新华书店　　　　　　　　　　　　　　　　　　　　http://cugp.cug.edu.cn

开本:787mm×1092mm　1/16　　　　　　　　　　　字数:349千字　　印张:13.75
版次:2024年11月第1版　　　　　　　　　　　　　印次:2024年11月第1次印刷
印刷:武汉中远印务有限公司

ISBN 978-7-5625-6018-0　　　　　　　　　　　　　　　　　　　　　定价:42.00元

如有印装质量问题请与印刷厂联系调换

前　言

在当今科技快速发展的背景下,空间分析作为地理信息科学(Geographical Information Science)的核心内容,正受到越来越多的关注。作为处理、分析和表达空间数据的重要手段,空间分析在研究地理现象及其要素的分布、相互作用、动态演变和驱动机制方面发挥着至关重要的作用,广泛应用于国土管理、城市规划、交通运输、生态环境和智慧城市等多个领域。

空间分析的发展历程可以追溯到20世纪60年代。随着计算机技术的引入和地理信息系统的出现,空间数据的处理和可视化变得更加高效和精确。随着技术的进步,空间分析的应用经历了从简单的制图和空间关系分析,到如今涵盖多维数据分析和综合决策支持的转变。在这一过程中,地理计算和地理模拟逐渐成为空间分析的重要组成部分。地理计算利用算法和数学模型,通过计算机对空间数据进行深入分析,以揭示地理现象的潜在规律和趋势。它不仅可以处理大量的空间数据,还能进行复杂的空间推理和预测。地理模拟则能够对地理现象进行过程模拟和未来预测,帮助理解地理系统的动态变化过程及其影响机制。地理计算和地理模拟,使得研究者能够在更高层次上理解和应对复杂的地理问题。

进入21世纪,随着卫星遥感和传感器技术的快速发展,空间数据的获取变得更加便捷和准确。与此同时,大数据的兴起,尤其是社交媒体、物联网和移动设备的广泛使用,极大地增加了可用的空间数据量。这种转变不仅推动了空间分析方法的创新,也促使我们重新思考如何有效处理和利用这些庞大的数据集,以揭示潜在的空间模式和趋势。作者结合近年广州大学"空间分析"课程教学以及团队在交通大数据和地理模拟等领域的科研成果,总结空间分析的综合实验案例,为地理信息科学、人文地理与城乡规划、土地管理等相关专业的教师、学生和从业人员提供参考和启示。

全书包含11个空间分析的综合实验,涵盖城市扩张与土地利用变化动态监测、城市空间形态测度与景观格局分析、国土空间规划"双评价"分析、土地利用模拟与城市增长边界划定、共享单车骑行时空特征挖掘、共享单车骑行目的地时空特征及影响因素分析、共享单车出行目的推断、公共交通可达性和公平性分析、学校选址和学区分配、城市职住空间分析、城市网络结构分析实验。每章都介绍了实验案例场景、实验目标和内容、实验数据和思路以及实验步骤。

我们设计的实验和案例分析不仅关注理论方法传授,更强调方法的创新性和实践应用性。通过真实研究案例,读者将有机会运用所学知识,了解这些空间分析方法在国土空间规划、交通出行研究、设施优化等领域中的应用。同时,我们鼓励读者在实验过程中积极思考,提出新的见解和方法,培养创新能力和批判性思维,为推动社会可持续发展贡献自己的力量。

本书由李少英教授、吴志峰教授、肖露子博士、王芳教授和罗研帆编写,李少英负责教材总体设计和统稿,广州大学的庄财钢、柴蕾、李少丽、伍文亮、郑森林等研究生协助完成教材的文字和实验校对工作,北京超图软件股份有限公司林艺、李珍珍工程师协助对部分实验进行了校对。本书的出版得到了广州大学地理信息科学国家级一流本科专业建设项目、广州市教学成果培育项目的资助。作者在此表示衷心的感谢!

编著者

2024 年 11 月

为方便读者使用本教材,作者提供了本教材各实验所需的实验数据。读者可以使用微信(PC 版)识别下方二维码获取。

空间分析综合实验数字资源

目　录

实验一　城市扩张与土地利用变化动态监测 ………………………………………… (1)
　一、实验场景 ……………………………………………………………………………… (1)
　二、实验目标与内容 ……………………………………………………………………… (1)
　三、实验数据与思路 ……………………………………………………………………… (2)
　四、实验步骤 ……………………………………………………………………………… (3)
　参考文献 …………………………………………………………………………………… (9)

实验二　城市空间形态测度与景观格局分析 …………………………………………… (10)
　一、实验场景 ……………………………………………………………………………… (10)
　二、实验目标与内容 ……………………………………………………………………… (11)
　三、实验数据与思路 ……………………………………………………………………… (11)
　四、实验步骤 ……………………………………………………………………………… (14)
　参考文献 …………………………………………………………………………………… (29)

实验三　国土空间规划"双评价"分析 ………………………………………………… (30)
　一、实验场景 ……………………………………………………………………………… (30)
　二、实验目标与内容 ……………………………………………………………………… (31)
　三、实验数据与思路 ……………………………………………………………………… (31)
　四、实验步骤 ……………………………………………………………………………… (33)
　参考文献 …………………………………………………………………………………… (58)

实验四　土地利用变化模拟与城市增长边界划定 ……………………………………… (59)
　一、实验场景 ……………………………………………………………………………… (59)
　二、实验目标与内容 ……………………………………………………………………… (60)
　三、实验数据与思路 ……………………………………………………………………… (60)
　四、实验步骤 ……………………………………………………………………………… (65)
　参考文献 …………………………………………………………………………………… (76)

实验五　基于时空立方体和新兴热点的共享单车骑行时空特征挖掘 ………………… (77)
　一、实验场景 ……………………………………………………………………………… (77)
　二、实验目标与内容 ……………………………………………………………………… (77)
　三、实验数据与思路 ……………………………………………………………………… (78)
　四、实验步骤 ……………………………………………………………………………… (80)
　参考文献 …………………………………………………………………………………… (84)

实验六 共享单车骑行目的地时空特征及影响因素分析 ……………………………… (86)
- 一、实验场景 ……………………………………………………………………… (86)
- 二、实验目标与内容 ……………………………………………………………… (87)
- 三、实验数据与思路 ……………………………………………………………… (87)
- 四、实验步骤 ……………………………………………………………………… (89)
- 参考文献 …………………………………………………………………………… (109)

实验七 基于重力模型和贝叶斯算法的共享单车出行目的推断 ……………… (111)
- 一、实验场景 ……………………………………………………………………… (111)
- 二、实验目标与内容 ……………………………………………………………… (112)
- 三、实验数据与思路 ……………………………………………………………… (112)
- 四、实验步骤 ……………………………………………………………………… (117)
- 参考文献 …………………………………………………………………………… (133)

实验八 老年人公共交通可达性和公平性分析 …………………………………… (135)
- 一、实验场景 ……………………………………………………………………… (135)
- 二、实验目标与内容 ……………………………………………………………… (136)
- 三、实验数据与思路 ……………………………………………………………… (136)
- 四、实验步骤 ……………………………………………………………………… (139)
- 参考文献 …………………………………………………………………………… (161)

实验九 学校选址与学区配置分析 ………………………………………………… (163)
- 一、实验场景 ……………………………………………………………………… (163)
- 二、实验目标与内容 ……………………………………………………………… (164)
- 三、实验数据与思路 ……………………………………………………………… (164)
- 四、实验步骤 ……………………………………………………………………… (165)
- 参考文献 …………………………………………………………………………… (180)

实验十 基于点模式的职住空间分析 ……………………………………………… (181)
- 一、实验场景 ……………………………………………………………………… (181)
- 二、实验目标与内容 ……………………………………………………………… (182)
- 三、实验数据与思路 ……………………………………………………………… (182)
- 四、实验步骤 ……………………………………………………………………… (184)
- 参考文献 …………………………………………………………………………… (191)

实验十一 基于迁徙数据的广东省城市网络结构分析 …………………………… (192)
- 一、实验场景 ……………………………………………………………………… (192)
- 二、实验目标与内容 ……………………………………………………………… (193)
- 三、实验数据与思路 ……………………………………………………………… (193)
- 四、实验步骤 ……………………………………………………………………… (195)
- 参考文献 …………………………………………………………………………… (211)

实验一
城市扩张与土地利用变化动态监测

一、实验场景

土地利用/覆被变化是人类活动与自然环境相互作用最直接的表现形式,是全球气候和环境变化研究关注的重要内容。其变化过程与陆地表层物质循环和生命过程密切相关,也直接影响着生物圈-大气交互、生物多样性、地表辐射强度、生物地球化学循环及资源环境的可持续利用(刘纪远等,2014)。在快速城市化与工业化发展时期,以土地为载体的国土空间开发利用需求不断增加,区域用地类型和结构发生显著变化,以建设用地扩张为核心的土地置换成为典型过程,故开展城市扩张与土地利用变化分析的研究工作成为理解这一发展时期用地时空演变特征、机制及人地关系交互的重要支撑方式(李岩等,2022;王燕等,2023)。伴随社会经济发展的高质量转型及国家空间治理体系的现代化发展,科学谋划国土空间开发保护格局,有效规范空间开发秩序,引导生产、生态、生活空间的协调利用,优化功能分区的空间配置势在必行(王亚飞等,2019;岳文泽等,2020)。在此背景下,科学分析用地扩张与历史变化规律,支撑以资源环境承载和国土空间开发适宜性评价工作以及面向未来多情境的用地模拟分析均有基础性的作用。因此,本实验将着重介绍基于栅格尺度的用地变化与城市土地扩张的空间分析路径及分区统计方法,为读者提供具体的操作参考。

本实验以广州市 2010—2020 年土地利用变化分析为应用场景,基于 Landsat TM 30m 遥感影像生产的全国土地利用数据,通过栅格数据分析方法,对广州市土地利用变化进行相关分析。

二、实验目标与内容

1. 实验目标与要求

(1)强化对栅格数据分析的理解。

(2)熟练掌握 SuperMap iDesktopX 和栅格数据分析的使用方法。

(3)结合实际,培养利用数据进行栅格数据分析和土地利用变化分析的能力。

2. 实验内容

（1）点变换。

（2）统计分析。

三、实验数据与思路

1. 实验数据

本实验采用地理国情监测云平台，基于 Landsat TM 30m 遥感影像生产的全国土地利用数据。根据国家土地利用分类方法，结合刘纪远等（2002）在建设"中国 20 世纪 LUCC 时空平台"中建立的 LUCC 分类系统，将土地利用类型归结为包括耕地、林地、草地、水域、建设用地和未利用地在内的 6 个一级类，并以此获取广州市各年份建设用地数据。具体分类如表 1-1 所示。

表 1-1 LUCC 分类表

土地类型	值
耕地	11—12
林地	21—24
草地	31—33
水域	41—46
建设用地	51—53
未利用土地	61—67

具体数据明细如表 1-2 所示。

表 1-2 数据明细表

数据名称	类型	描述
广州	SHP	广州市行政区划数据
gz2010	GRD	广州市 2010 年土地利用栅格数据
gz2015	GRD	广州市 2015 年土地利用栅格数据
gz2020	GRD	广州市 2020 年土地利用栅格数据

2. 思路与方法

利用 2010—2020 年广州市的土地利用数据，通过 SuperMap 平台，采用栅格叠置分析的相关方法，如利用重分级将广州市土地利用类型分为建设用地和非建设用地，利用点变换对广州市土地利用变化进行分析。

1）重分级

重分级是按照一定的原则对原来栅格数据中的属性类型进行重新分类，合并或转换成新类。

2）点变换

点变换只依据参与叠置图层相应点的属性值进行新的运算，与各图层的领域点的属性无关。运算方法包括算术运算、函数运算等。运算后得到的新属性值一般与原图层的属性意义完全不同。其中点变换的算术运算是指两层以上的对应网格值经加、减等算术运算，而得到新的栅格数据系统的方法。函数运算则是两个以上层面的栅格数据系统以某种函数关系作为叠置分析的依据进行逐网格运算，从而得到新的栅格数据的过程。

实验整体流程如图 1-1 所示。

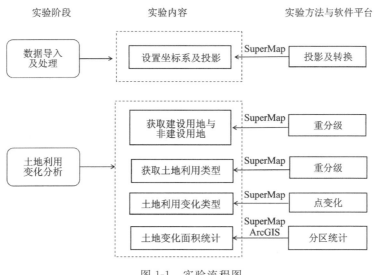

图 1-1　实验流程图

四、实验步骤

1. 导入广州市土地利用栅格数据并设置坐标系和投影

在工作空间管理器中，选择"导入数据集"，分别将广州市 2010 年、2015 年、2020 年土地利用 grid 文件导入，如图 1-2 所示。

在工作空间管理器中右击数据源，选择"导入数据集"，将 grid 文件导入，在属性管理中右击"坐标系"，根据提供的 tiff 文件设置坐标系，并设置好相应的投影坐标系，如图 1-3 所示。

导入广州市行政矢量图，并根据用地栅格数据的坐标系，转换投影。在功能区中选择"开始"→"数据处理"→"投影转换"→"数据集投影转换"。在目标坐标系中选择用地栅格数据坐标系作对应坐标系，如图 1-4 所示。

图 1-2 导入 grid 文件

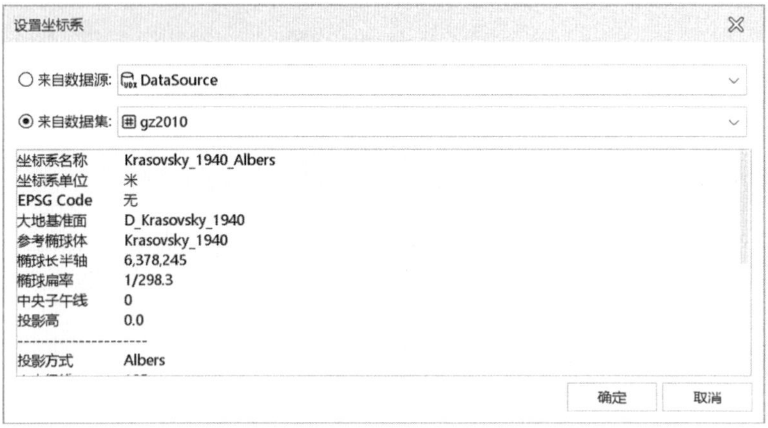

图 1-3 设置栅格坐标系

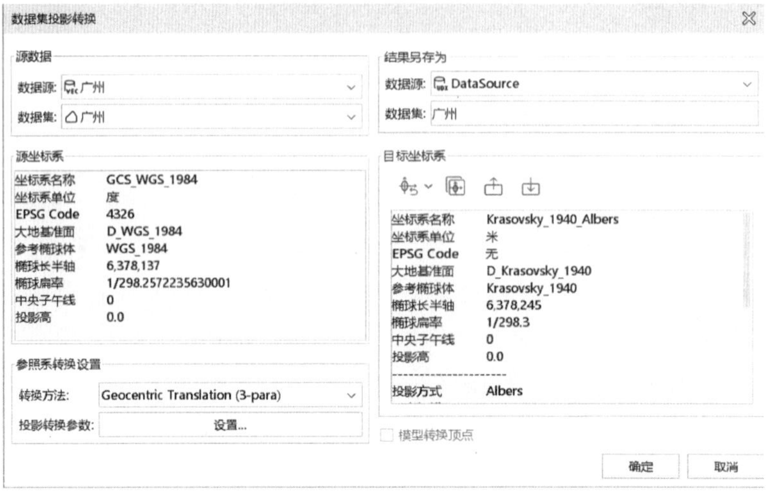

图 1-4 数据集投影转换

2. 重分级获取建设用地和非建设用地

在功能区选择"数据"→"数据处理"→"栅格"→"重分级"。在级数设置中,将级数设置为3。将代表建设用地的"51—53"值设置为1,其余设置为0,如图1-5所示。

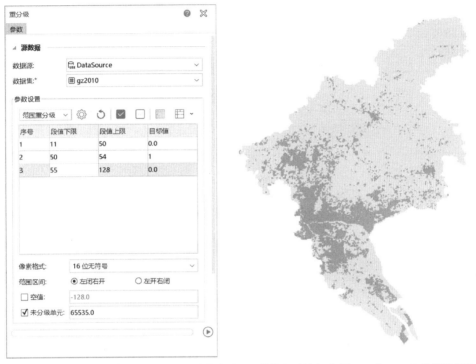

注:由于软件重分级结果限制,需要将代表建设用地的值相对扩充,如图1-5,将50—54的值进行重分级代表建设用地,其中50、54的值在数据中不存在,因此对结果不产生影响。

图 1-5 重分级参数设置及结果

3. 重分级获取土地利用类型

利用重分级工具,根据相关土地利用类型的值,将土地利用类型重分级为耕地、林地、草地、水域、建设用地和未利用土地,并从1—6分别赋值,如图1-6所示。

4. 点变换

利用代数运算得到土地利用变化的类型。公式如下:

$$C_{ij} = 10A_{ij}^{k} + A_{ij}^{k+1} \tag{1-1}$$

式中:C_{ij}为土地利用变化类型;k为土地利用栅格起始时期;A_{ij}^{k}为起始土地利用栅格。土地利用分类方案及编码如表1-3所示。

表 1-3 土地利用分类及编码表

编码	1	2	3	4	5	6
土地利用类型	耕地	林地	草地	水域	建设用地	未利用土地

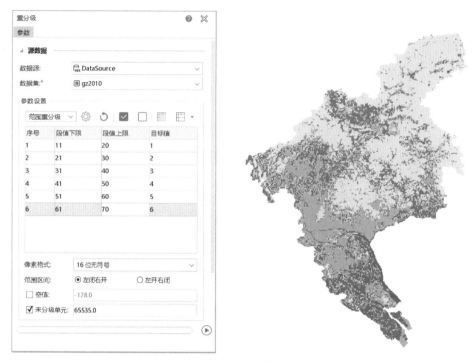

图 1-6　土地利用重分级参数及结果

因此，运算结果"15"则代表土地类型为"耕地转为建设用地"。十位上的数字表示土地利用原始类型，个位上的数字表示新一期土地利用类型。

以 2010 年和 2015 年两期土地利用类型转变为例，在功能区选择"数据"→"栅格"→"代数运算"。在"设置运算表达式"中设置相关公式，如图 1-7 所示。其中"土地利用_2010"为利用表 1-3 分级编码分类的 2010 年土地利用分类数据。图 1-8 为黄埔区栅格运算结果，即 2010—2015 年土地利用类型变化结果。

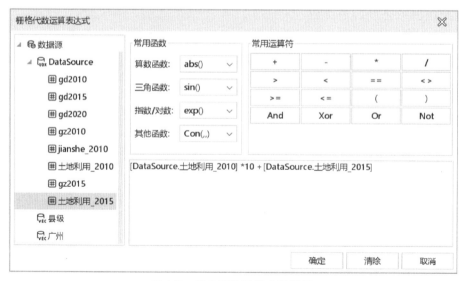

图 1-7　栅格代数运算参数设置

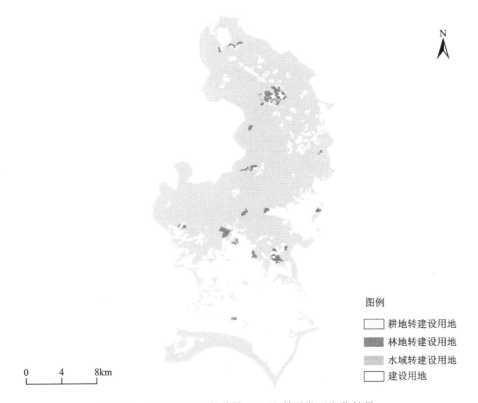

图 1-8 2010—2015 年黄埔区土地利用类型变化结果

5. 统计分析

在功能区中选择"空间分析"→"栅格分析"→"栅格统计"→"区域统计"。区域数据选择广州市区划数据,获得广州市各区栅格值的统计分析。图 1-9、图 1-10 分别为区域统计分析的参数设置及结果。

导出土地利用变化栅格数据和广州市行政区划数据,在 ArcGIS 中打开这两类数据,注意保证投影和坐标系一致。在工具箱中选择"Spatial Analyst 工具"→"区域分析"→"面积制表"。要素区域数据选择"广州",区域字段为"FID",如图 1-11 所示。即可获取广州市各区不同土地利用类型面积,如图 1-12 所示。

图 1-9 区域统计参数设置

ZonalID	PixelCount	Minimum	Maximum	Range_value	Sum_value	Mean	Std	Variety
1	2205462	11	61	50	44,961,048	20.386227	8.349317	15
2	573282	11	53	42	19,810,275	34.555899	17.72857	14
3	102258	11	53	42	4,563,883	44.631061	11.127195	9
4	1073912	11	65	54	27,894,815	25.974954	15.618284	14
5	535363	11	53	42	16,496,498	30.813668	15.782563	13
6	69331	11	53	42	3,081,196	44.441823	13.773555	8
7	734160	11	128	117	20,834,557	28.378769	24.855237	15
8	151289	11	53	42	5,857,982	38.720475	16.413302	11
9	37421	21	53	32	1,834,493	49.023089	6.668912	6
10	1793431	11	53	42	39,698,548	22.135531	11.837313	13
11	740848	11	53	42	22,087,364	29.813624	17.428946	14

图 1-10　区域统计结果

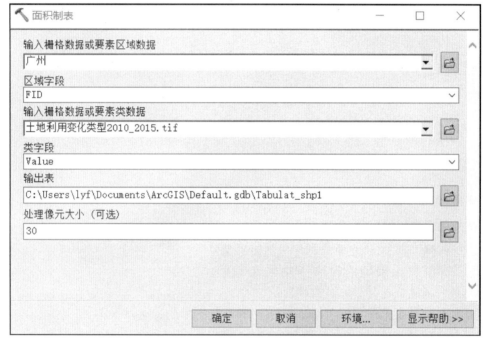

图 1-11　面积制表参数设置

FID	VALUE_11	VALUE_12	VALUE_13	VALUE_14	VALUE_15	VALUE_22	VALUE_23	VALUE_24	VALUE_25	VALUE_33
0	501955200	0	0	0	4913100	1318323600	1188900	0	4102200	52585200
1	162183600	539100	0	0	3807000	31749300	0	0	99000	2739600
2	1936800	0	0	0	626400	13330800	0	0	0	0
3	318887100	0	0	0	8653500	339947100	817200	0	3263400	25756200
4	71613900	0	0	0	4533300	212571000	0	32400	7009200	1050300
5	8202600	0	0	0	706500	39600	0	0	0	0
6	363514500	213300	0	0	5544000	23924700	0	0	968400	456300
7	20480400	0	0	0	230400	27884700	0	0	900	198000
8	0	0	0	0	0	1554300	0	0	0	0
9	482738400	0	0	483300	10939800	883526400	0	414000	6020100	9103500
10	209619900	0	29700	178200	5621400	172197000	0	0	978300	2938500

图 1-12　面积制表结果

参 考 文 献

李岩,林安琪,吴浩,等,2022.顾及空间尺度效应的城市土地利用变化精细化模拟[J].地理学报,77(11):2738-2756.

刘纪远,匡文慧,张增祥,等,2014.20世纪80年代以来中国土地利用变化的基本特征与空间格局[J].地理学报:英文版,24(2):195-210.

刘纪远,刘明亮,庄大方,等,2002.中国近期土地利用变化的空间格局分析[J].中国科学(D辑:地球科学)(12):1031-1040.

王亚飞,樊杰,周侃,2019.基于"双评价"集成的国土空间地域功能优化分区[J].地理研究,38(10):2415-2429.

王燕,戴烨,贾聪慧,等,2023.2010—2020年徐州市土地利用/覆盖时空变化分析[J].国土与自然资源研究(1):35-39.

岳文泽,吴桐,王田雨,等,2020.面向国土空间规划的"双评价":挑战与应对[J].自然资源学报,35(10):2299-2310.

实验二

城市空间形态测度与景观格局分析

 一、实验场景

城市空间形态是城市发展内生要素的外在空间表现,是城市自然环境、历史发展、功能结构、空间发展政策及规划管理等多因素相互作用的结果,其演变分析和模式研究是地理学、城市规划学、景观学等共同关注的热门领域(王慧芳等,2014;潘竟虎等,2015),对认识城市发展演变规律、推动城市内部不同功能分区的合理化布局及空间利用的低碳、高效化等具有重要的意义(曹小曙等,2019;袁青等,2021;杨历青等,2023)。

一般而言,城市空间形态研究可从外部和内部两个维度进行刻画。其中,城市外部空间形态主要以土地利用/覆被变化为研究对象,尤为关注城市用地的扩展变化,常用扩张强度指数等表征建成区的空间扩展速率,利用紧凑度指数、分形维数、重心指数等反映其空间形态演变;城市内部空间形态则以道路交通系统为研究对象,通过分析交通方式的改进及交通线网的建设优化来窥探城市空间形态格局的变化。但综合来看,道路交通系统与土地利用相互影响、相互促进,共同推动城市空间形态的发展演变(徐银凤,2019)。

目前,绝大多数学者侧重以土地利用变化为核心的城市外部空间形态研究,通过定量与定性相结合的方式识别出城市的空间结构和整体格局。尽管常用的分形特征等研究有利于快速判断城市间在经济、建设、规划趋势上的特征及相似性,但会存在两张完全不同的地图却有相同的分形结果,这意味着其不能完全反映城市空间变化的过程。而景观格局作为景观生态学的重要内容,不仅能揭示景观的生态状况,也是研究空间变异特征的有效手段,被广泛用于城市用地变化下的城市空间格局分析(钱敏等,2015;滕菲等,2022)。因此,本实验不仅聚焦于空间扩展分析、城市形态测度分析等基础方法,还将介绍景观格局指数、景观扩张指数(Landscape Expansion Index,LEI)在城市空间形态研究中的应用,以期为读者们提供用地变化驱动下的城市空间形态分析与动态演变研究路径。

本实验以广州市城市空间形态变化作为应用场景,基于 Landsat TM 30m 遥感影像生产的全国土地利用数据,通过 SuperMap 获取广州市建设用地数据,对广州市城市空间形态的变化进行分析。

二、实验目标与内容

1. 实验目标与要求

(1)强化对城市空间形态分析方法的理解。

(2)熟练掌握 SuperMap iDesktopX 的使用方法。

(3)结合实际,培养利用数据对城市空间形态分析的能力。

2. 实验内容

(1)空间扩展分析。

(2)城市形态测度分析。

(3)景观扩张指数 LEI 计算。

(4)景观格局指数计算。

三、实验数据与思路

1. 实验数据

基于地理国情监测云平台,获取 Landsat TM 30m 遥感影像生产的全国土地利用数据。根据国家土地利用分类方法,结合刘纪远等(2002)在建设"中国 20 世纪 LUCC 时空平台"中建立的 LUCC 分类系统,将土地利用类型归结为包括耕地、林地、草地、水域、建设用地和未利用地在内的 6 个一级类,并以此获取广州市各年份建设用地数据。

具体实验数据如表 2-1 所示。

表 2-1 数据明细表

数据名称	类型	描述
gz2000	TIFF	广州市 2000 年土地利用数据
gz2005	TIFF	广州市 2005 年土地利用数据

2. 思路与方法

利用广州市各年份的建设用地数据,获取不同年份间的建成区变化数据,分别对广州市进行空间扩展分析、城市形态测度分析、景观扩张指数 LEI 计算、景观格局指数计算。

1)空间扩展分析

空间扩展分析是利用建设用地变化面积计算城市扩张速度和强度。扩张速度与强度是定量研究城市空间扩展的重要指标,表征不同时间段内城市空间扩展的绝对差异及相对差异。扩张速率 M 表示建设用地扩张面积的年增长率,用以表征城市扩张的总体趋势。扩张强度 I 的实质是各空间单元的土地面积对其每年的城市平均扩张速率进行标准化处理,使得不同时期扩张速率具有可比性(王成新等,2020)。计算公式(徐焕等,2018)如下:

$$M = \frac{\Delta U_i}{\Delta t} \times 100\% \qquad (2\text{-}1)$$

$$I = \frac{\Delta U_i}{\text{LA}} \times 100\% \qquad (2\text{-}2)$$

式中：ΔU_i 为某一时间段城市建成区的面积变化大小；Δt 为某一时段的时间跨度；LA 为研究单元初期的建设用地面积。

2）城市形态测度分析

城市紧凑度是测度城市空间形态的重要指标，用来描述城市空间发展的填充程度。紧凑度取值为 0～1 之间，值越大代表城市紧凑度越高（徐银凤等，2019）。计算公式如下：

$$B = \frac{2\sqrt{\Pi A}}{P} \qquad (2\text{-}3)$$

式中：B 为城市紧凑度；A 为城市面积；P 为城市边界周长。

空间分析区域内的城市用地紧凑性指数 CI 也可表示为

$$\text{CI} = \sqrt{\sum_{i=1}^{n} S_i} \Big/ \sqrt{\sum_{i=1}^{n} P_i} \qquad (2\text{-}4)$$

式中：S_i、P_i 分别为城市用地图斑 i 的面积和周长。在相同的面积下，城市用地的格局越紧凑，其总周长越小。

3）景观扩张指数 LEI 计算

景观扩张指数是利用 GIS 的缓冲区分析功能来定义和计算的，用来定量描述景观的动态扩张类型和空间分布，也是基于景观斑块的最小包围盒进行定义的。最小包围盒代表了斑块的空间范围，是指覆盖一个斑块最小和最大坐标对的矩形，其边界与坐标系平行。通过最小包围盒定义的景观扩张指数（刘小平等，2009）为

$$\text{LEI} = \frac{A_\text{O}}{A_\text{E} - A_\text{P}} \times 100 \qquad (2\text{-}5)$$

式中：LEI 为斑块的景观扩张指数；A_O 为最小包围盒里原有景观的面积；A_E 为斑块的最小包围盒面积；A_P 为新增斑块本身的面积；其中当新增斑块为矩形时，对最小包围盒放大一定的倍数，计算公式如下：

$$\text{LEI} = \frac{A_\text{LO}}{A_\text{LE} - A_\text{P}} \times 100 \qquad (2\text{-}6)$$

式中：A_LO 为放大包围盒里原有景观的面积；A_LE 为斑块的放大包围盒面积；A_P 为新增斑块本身的面积。LEI 的数值区间为[0,100]，当 LEI＝0 时，则为飞地式扩张；当 0＜LEI≤50 时，则为边缘式扩张；当 50＜LEI≤100 时，则为填充式扩张。3 种景观扩张空间模式如图 2-1 所示。

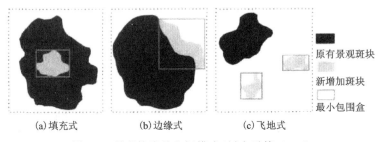

图 2-1　景观扩张的空间模式（刘小平等，2009）

4) 景观格局指数计算

景观格局指数能集中概括景观的格局信息,是反映景观结构组成和空间配置的定量指标。景观指数分析方法是定量景观格局和生态过程之间关联以及城市空间形态变化的空间分析方法(田晶等,2019)。部分指数(曹宇鹏等,2022)如表2-2所示。

表2-2 景观指数类别表

指数组别	景观指数	指标意义
斑块类型水平指数	斑块数量(NP)	描述景观的破碎化程度
	斑块密度(PD)	描述景观的空间异质性
	最大斑块指数(LPI)	描述景观的优势度
	边缘密度(ED)	描述景观边界分隔程度
	斑块聚合度(AI)	描述景观空间聚集性程度
	平均斑块面积(MPS)	描述景观中斑块的平均面积
景观水平指数	聚集度指数(AI)	描述景观空间聚集性程度
	景观形状指数(LSI)	描述斑块边界复杂程度
	香农多样性指数(SHDI)	描述斑块多样性的情况
	香农均匀度指数(SHEI)	可以表示景观中各斑块类型的分布均匀状况
	蔓延度指数(CONTAG)	描述不同斑块类型的团聚程度

实验整体流程如图2-2所示。

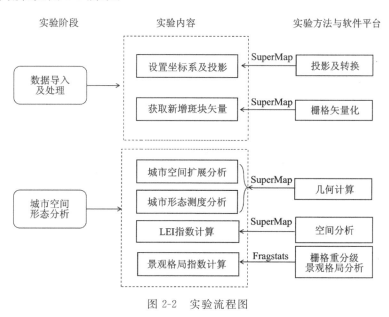

图2-2 实验流程图

四、实验步骤

获取广州市建成区的栅格数据,并将栅格数据转为矢量数据。通过空间分析获取不同年份建设用地矢量数据,并以此进行城市空间形态分析。

1. 获取广州市建设用地变化的栅格

打开影像数据,右击影像数据,选择"导出数据集"。将转出类型选择为 ArcGIS Grid 文件。打开导出的栅格文件。操作过程和结果如图 2-3、图 2-4 所示。

图 2-3 影像数据转为 grid 文件

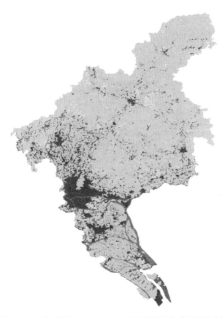

图 2-4 广州市 2000 年土地利用分类栅格结果

2. 设置坐标系和投影

在工作空间管理器中右击数据源,选择"导入数据集",将 grid 文件导入,在属性管理中右击"坐标系",根据 tiff 文件设置坐标系,并设置好相应的投影坐标系,如图 2-5 所示。

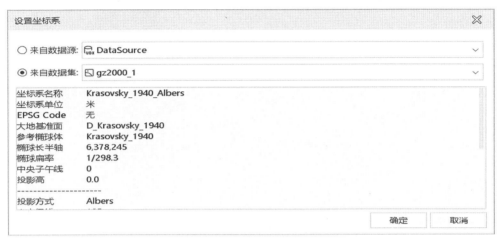

图 2-5 栅格设置坐标系

同时,导入广州市行政矢量图,并根据用地栅格数据的坐标系,转换投影。在功能区中选择"开始"→"数据处理"→"投影转换"→"数据集投影转换"。在目标坐标系中选择复制坐标系,选择用地栅格数据"gz2005"的坐标系作对应坐标系,如图 2-6 所示。

图 2-6 广州市行政矢量设置投影坐标系

3. 获取广州市建设用地变化矢量数据

在功能区选择"空间分析"→"矢栅转换"→"栅格矢量化",将广州市各个年份建设用地的栅格数据转为矢量数据。图 2-7 所示为将 2005 年土地利用栅格数据转为矢量数据的结果。

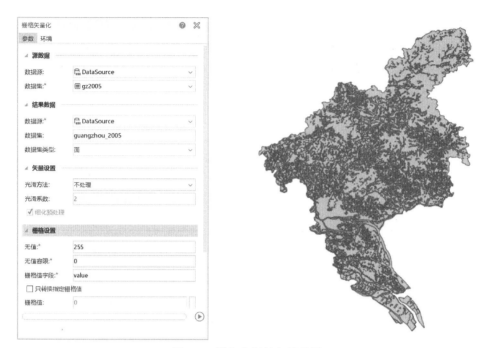

图 2-7 栅格数据转矢量数据

根据 LUCC 分类体系,建设用地的分类编号为 51、52、53。在功能区选择"空间分析"→"SQL 查询",如图 2-8 所示,选取"value"等于 51、52、53,获得广州市各个年份建设用地,并保存查询结果。可以将查询语句导出为 xml 文件,在其他年份查询时,导入文件更改数据集和值即可。

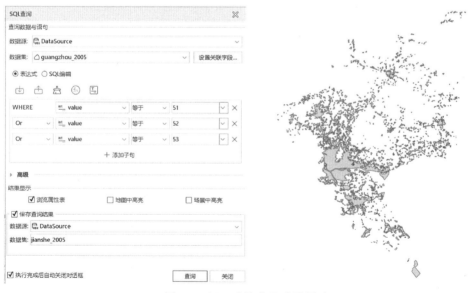

图 2-8 SQL 查询获取建设用地

4. 城市空间扩张分析

(1)计算城市空间扩张速率 M。根据式(2-1),分别裁取 2000—2005 年、2005—2010 年、2010—2015 年、2015—2020 年新增建设用地。在功能区选择"数据"→"数据处理"→"矢量"→"矢量裁剪",如图 2-9 所示,源数据为 2005 年广州市建设用地,参数设置为"使用指定面数据集对象区域",范围数据为 2000 年广州市建设用地,获取 2000—2005 年新增建设用地数据。

图 2-9　矢量裁剪获取新增建设用地

(2)在功能区中选择"数据"→"数据处理"→"矢量"→"计算总面积",计算新增建设用地面积和初始建设用地面积,并以此计算城市扩张速率和扩张强度,如图 2-10 所示。

5. 城市形态测度分析

在功能区中选择"数据"→"数据处理"→"矢量"→"计算长度"或者选择"浏览属性表",在周长一列选择"统计分析"→"总和",结果一致,并根据建设用地面积,计算城市紧凑度,如图 2-11 所示。

6. 景观扩张指数 LEI 计算

在功能区中选择"数据"→"数据处理"→"矢量"→"区域分割",将新增的建设用地

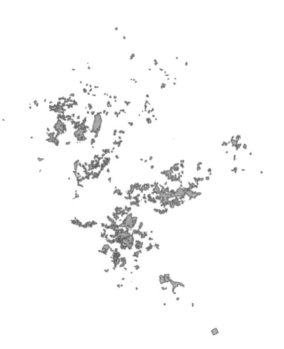

图 2-10　计算新增建设用地面积

矢量数据的每个斑块分割为单个独立的矢量,如图 2-12 所示。

图 2-11　计算斑块周长

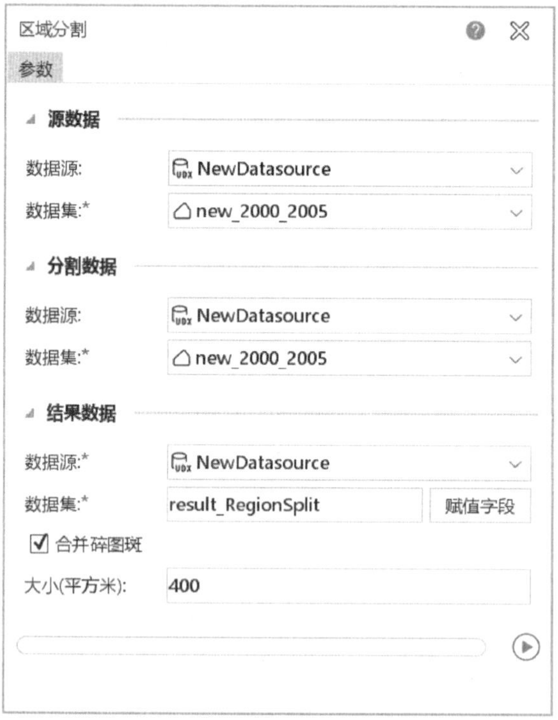

图 2-12　区域分割参数设置

在功能区中选择"数据"→"数据处理"→"矢量"→"计算外接矩形",获得每个斑块的最小包围盒,如图 2-13 所示,并选择"数据"→"数据处理"→"矢量"→"计算几何属性",在参数设置中选择"测地线面积",分别获取新增斑块和斑块最小包围盒面积。在工作空间管理器中右击斑块矢量数据"result_RegionSplit"的"属性",在属性管理器下"属性结构"中更改面积字段名称为"xinbankuai_area"。

实验二　城市空间形态测度与景观格局分析

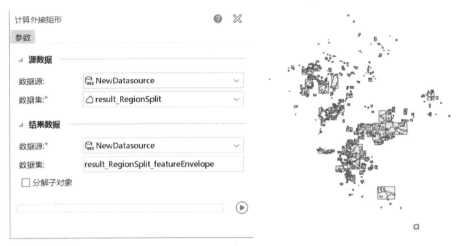

图 2-13　获取新增斑块最小包围盒

更改斑块最小包围盒"result_RegionSplit_featureEnvelope"的面积字段名称为"juxing_area"。在功能区中选择"数据"→"数据处理"→"矢量"→"追加列",如图 2-14 所示。目标数据集选择斑块最小包围盒矢量数据,连接字段为"SmID";源数据选择斑块矢量数据,连接字段为"SmID";追加字段选择斑块面积字段。这使得新增斑块的最小包围盒矢量数据属性表中增加新增斑块的面积属性。

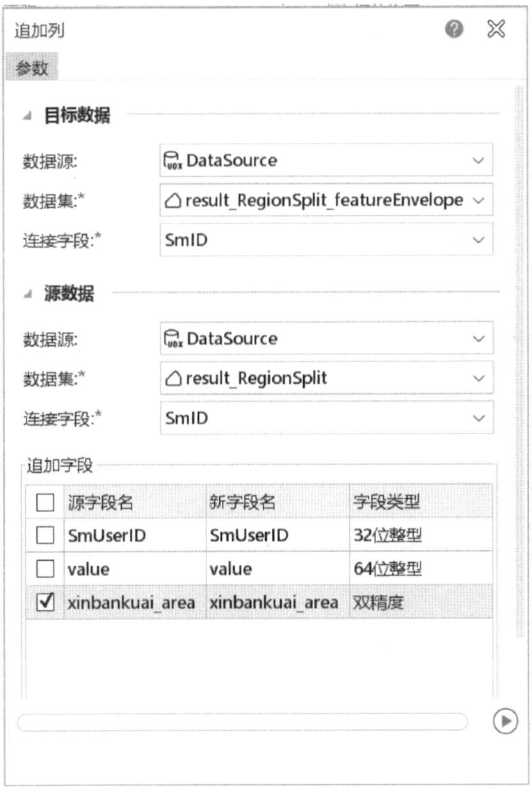

图 2-14　追加列参数设置

在功能区中选择"空间分析"→"SQL 查询",数据集选择最小包围盒数据,表达式如图 2-15 所示,获得新增斑块中为矩形的斑块数据。

图 2-15　SQL 查询获取新增斑块为矩形的矢量

在工具箱中选择"矢量分析"→"叠加分析"→"相交(多图层)",如图 2-16 所示;源数据中选择斑块最小包围盒数据和 2000 年建设用地数据,获得 2000 年建设用地在 2000—2005 年新增斑块的最小包围盒数据的斑块。注意设置相应的坐标系。

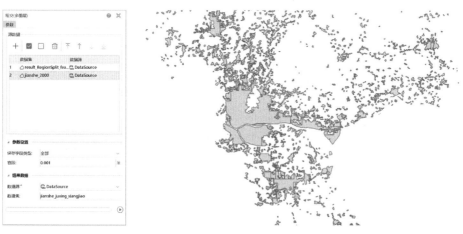

图 2-16　叠加分析获取最小包围盒中原有斑块数据

打开新获得的 2000 年建设用地在最小包围盒中的斑块数据,删除"PreciseArea"字段,该字段为斑块所属的 2000 年建设用地的面积。在"数据"→"数据处理"→"矢量"→"计算几何属性"中计算斑块面积。打开属性表,右击属性表中任一行选择"汇总字段",在"源数据"中的"分组字段"选择"ORIG_FID","汇总字段"中勾选新计算的斑块面积字段,统计类型选择"和",如图 2-17 所示。

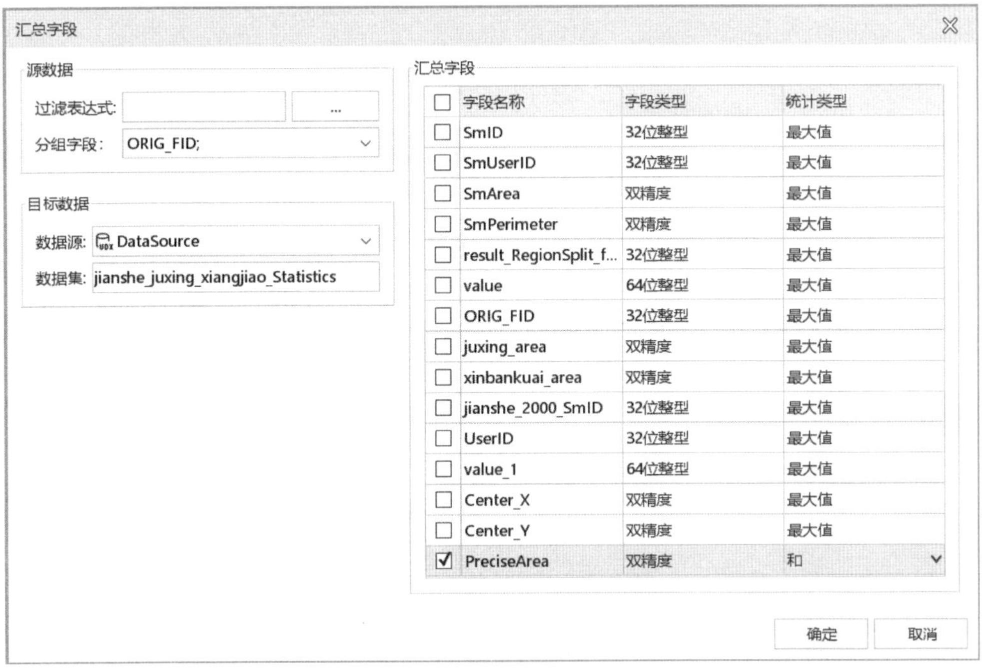

实验二　城市空间形态测度与景观格局分析

图 2-17　汇总字段参数设置

在功能区中选择"数据"→"数据处理"→"矢量"→"追加列",目标数据集选择最小包围盒矢量数据,源数据选择汇总的属性数据,追加字段勾选"SUM_PreciseArea",如图 2-18 所示。

图 2-18　追加包围盒中原有斑块面积属性数据

在功能区中选择"空间分析"→"SQL 查询",数据集选择最小包围盒数据,表达式如图 2-19所示。

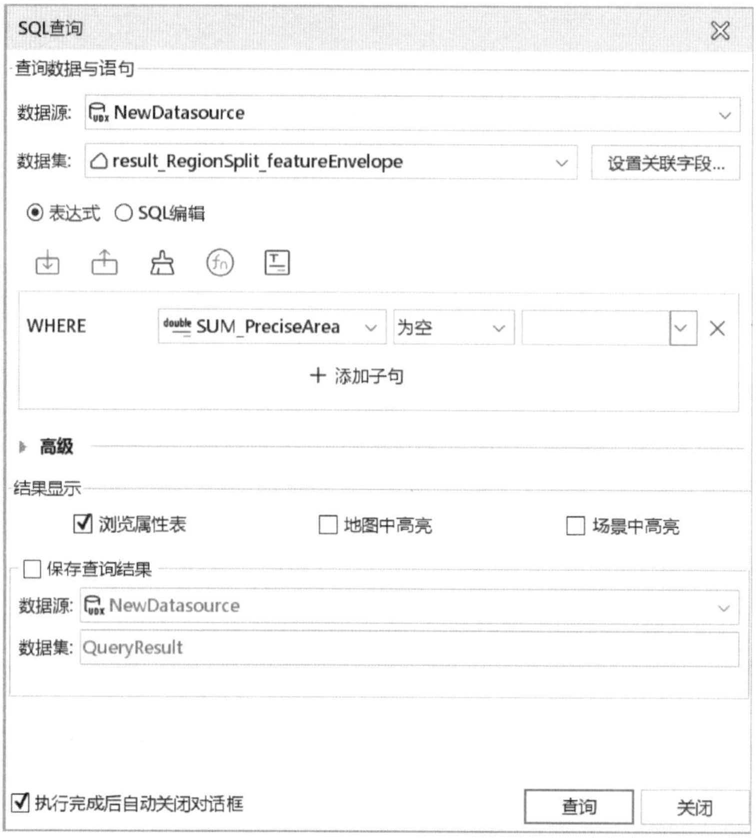

图 2-19　SQL 查询原有斑块面积为 0 的数据

在属性表中右击,选择"更新列",将属性为空的赋值为 0,如图 2-20 所示。

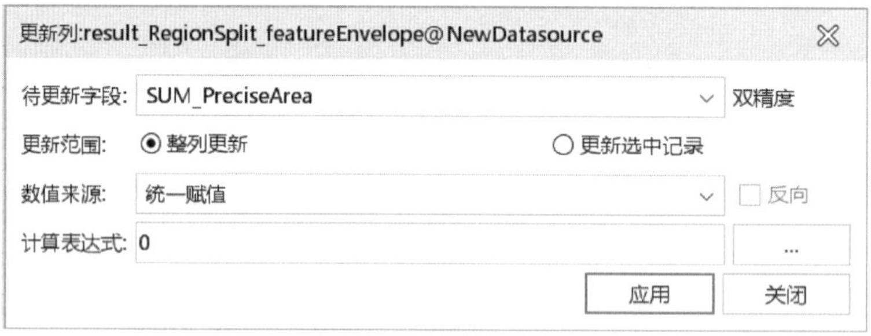

图 2-20　更新赋值

在工作空间管理器中,右击最小包围盒矢量数据,选择"属性",在"属性管理器"中新增字段"LEI",并勾选必填。在功能区中选择"空间分析"→"SQL 查询",数据集选择最小包围盒数据,获取最小包围盒面积不等于新增斑块面积的数据(即新增斑块不是矩形的斑块)。表达式如图 2-21 所示。

右击选中的属性表,选择"更新列",在计算表达式中根据 LEI 公式计算。计算表达式如图 2-22 所示,其中"SUM_PreciseArea"为原有斑块在最大包围盒中的面积。

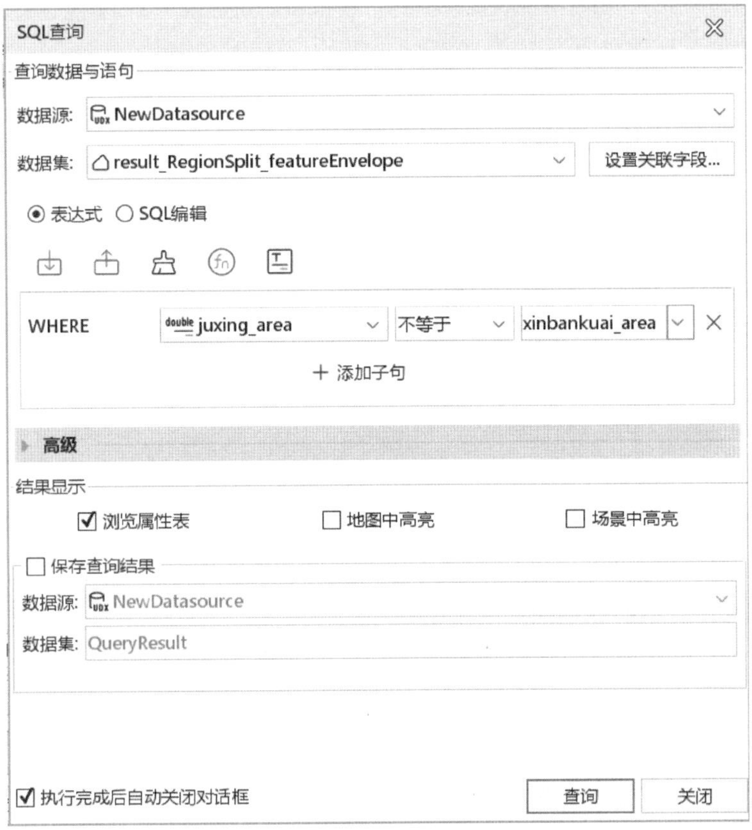

图 2-21　SQL 查询获取新增斑块非矩形数据

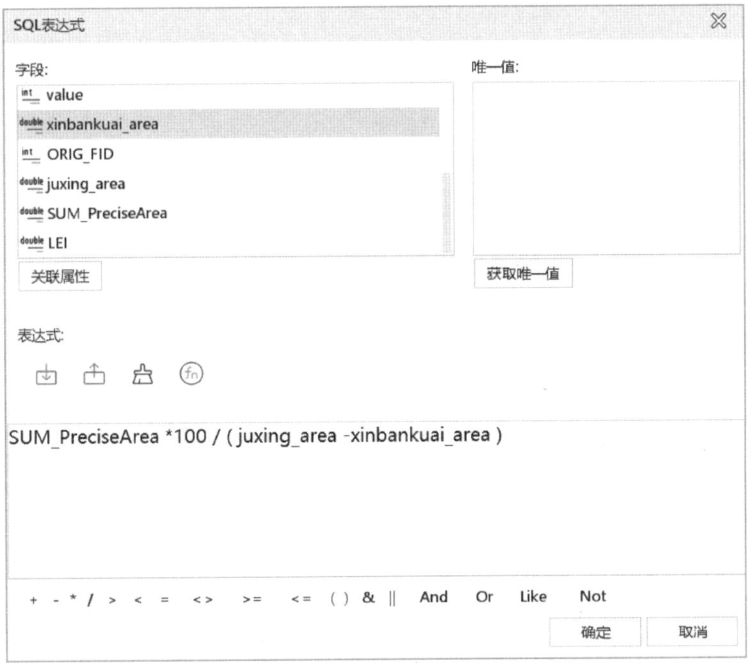

图 2-22　新增斑块为非矩形斑块的 LEI 计算

对新增斑块为矩形的矢量数据进行缓冲区分析,在功能区中选择"空间分析"→"矢量分析"→"缓冲区"→"生成缓冲区",如图 2-23 所示。

图 2-23　新增斑块为矩形的斑块缓冲区分析

在工具箱中选择"矢量分析"→"叠加分析"→"相交(多图层)",在源数据中选择矩形缓冲数据和 2000 年建设用地数据。同样删除"PreciseArea"字段,并重新计算面积,获取原有斑块在矩形缓冲区中的面积,如图 2-24 所示。

图 2-24　获取原有斑块在矩形缓冲区中的面积

打开属性表,右击属性表中任意一行,选择"汇总字段",在"源数据"中的"分组字段"选择"Buffer_SmID",在"汇总字段"中勾选新计算的斑块面积字段,统计类型选择"和",如图 2-25 所示。

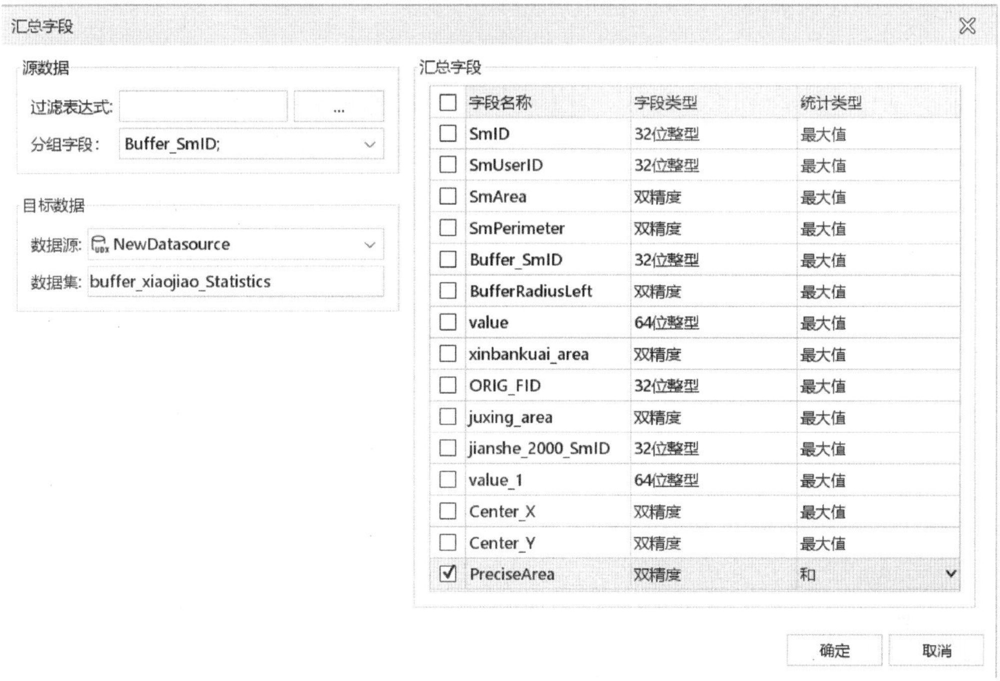

实验二　城市空间形态测度与景观格局分析

图 2-25　汇总字段获取每个新增矩形斑块中原有斑块在缓冲区的面积

在功能区中选择"数据"→"数据处理"→"矢量"→"追加列",如图 2-26 所示,目标数据集选择"矩形缓冲"矢量数据,源数据选择汇总的属性数据,最后在矩形缓冲区的属性表中,以同样方式计算新增斑块为矩形时的 LEI 指数,根据式(2-6),其中新增斑块为矩形的缓冲区为斑块的最大包围盒面积。

图 2-26　追加面积到矩形缓冲区的矢量数据中

· 25 ·

7. 景观格局指数计算

以广州市2000年土地利用栅格数据为例,对广州市2000年景观格局指数进行计算。在功能区中选择"数据"→"数据处理"→"栅格"→"重分级",在参数设置中选择分段为6,根据LUCC分类系统,对广州市各年份用地数据进行重分级。土地利用数据分为耕地、林地、草地、水域、建设用地、未利用土地6类。土地分类编号如表2-3所示。分类结果值为5,即为广州市2000年建设用地栅格,如图2-27所示。

表2-3　广州市2000年土地利用分类编号表

土地类型	分类编号
耕地	11—12
林地	21—24
草地	31—33
水域	41—46
建设用地	51—53
未利用土地	61—67

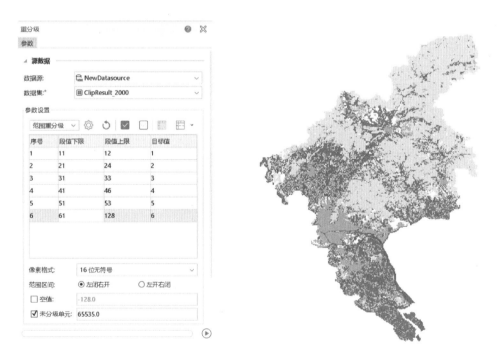

图2-27　重分级获取广州市土地利用分类栅格

实验采用软件Fragstats对景观格局指数进行分析,因此在工作管理器中,选择"导出数据集",如图2-28所示,在转出类型上选择"TIFF文件"。注意保存的栅格数据名为英文,且保存的路径为全英文路径。

实验二　城市空间形态测度与景观格局分析

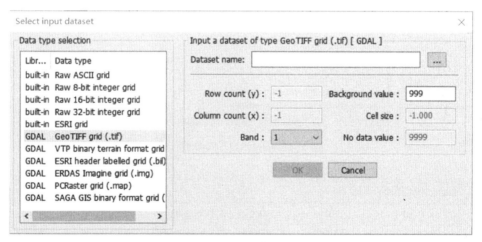

图 2-28　影像数据输出为 TIFF 文件

接下来采用 Fragstats 对栅格数据进行景观格局指数分析。在软件中选择"new"→"Add layer",在"Data type selection"窗口中选择"Geo TIFF grid",在"Dataset name"中选择相应的栅格数据,如图 2-29 所示。

图 2-29　Fragstats 中输入 TIFF 文件

在 Patch、Class、Landscape 类别中选择所需的参数,如图 2-30 所示。

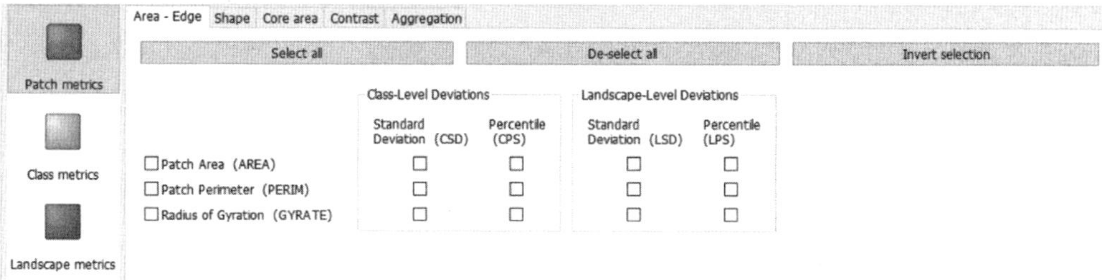

图 2-30　景观指数参数窗口

• 27 •

在分析参数中选中所需分析的水平指数，如图 2-31 所示。运行获得相关结果，其中"TYPE"列中"cls_5"即为广州市 2000 年建成用地景观指数的结果，如图 2-32 所示。

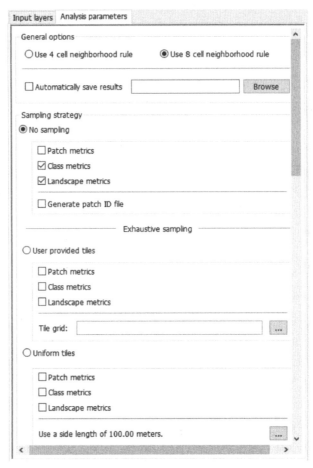

图 2-31　景观指数分析参数设置

Patch　Class　Landscape

		TYPE	NP	PD	LPI	ED	AI
1	e	cls_2	533.0000	0.0822	24.2829	11.1470	97.5528
2	e	cls_3	241.0000	0.0372	0.1066	1.4962	91.7712
3	e	cls_1	543.0000	0.0838	11.8944	17.0558	95.5689
4	e	cls_4	769.0000	0.1187	3.8491	6.2773	92.6908
5	e	cls_5	1277.0000	0.1970	2.4785	6.5688	94.9184
6	e	cls_6	46.0000	0.0071	0.2048	0.1795	94.1953

图 2-32　部分景观指数分析结果

参 考 文 献

曹小曙,梁斐雯,陈慧灵,2019.特大城市空间形态差异对交通网络效率的影响[J].地理科学,39(1):41-51.

曹宇鹏,方江平,2022.基于Fragstats的日喀则市土地利用景观格局分析[J].测绘与空间地理信息,45(9):69-72.

刘纪远,刘明亮,庄大方,等,2002.中国近期土地利用变化的空间格局分析[J].中国科学:D辑,32(12):1031-1040.

刘小平,黎夏,陈逸敏,等,2009.景观扩张指数及其在城市扩展分析中的应用[J].地理学报,64(12):1430-1438.

潘竟虎,戴维丽,2015.1990—2010年中国主要城市空间形态变化特征[J].经济地理,35(1):44-52.

钱敏,濮励杰,张晶,2015.基于改进景观扩张指数苏锡常地区城镇扩展空间形态变化[J].地理科学,35(3):314-321.

滕菲,王艳军,王孟杰,等,2022.长三角城市群城市空间形态与碳收支时空耦合关系[J].生态学报,42(23):9636-9650.

田晶,邵世维,黄怡敏,等,2019.土地利用景观格局核心指数提取:以中国广州市为例[J].武汉大学学报(信息科学版),44(3):443-450.

王成新,窦旺胜,程钰,等,2020.快速城市化阶段济南城市空间扩展及驱动力研究[J].地理科学,40(9):1513-1521.

王慧芳,周恺,2014.2003—2013年中国城市形态研究评述[J].地理科学进展,33(5):689-701.

徐焕,付碧宏,郭强,等,2018.西咸一体化过程与城市扩展研究[J].遥感学报,22(2):347-359.

徐银凤,汪德根,沙梦雨,2019.双维视角下苏州城市空间形态演变及影响机理[J].经济地理,39(4):75-84.

杨历青,毕凌岚,2023.双城结构影响下呼和浩特城市空间形态演变[J].城市学刊,44(4):75-80.

袁青,郭冉,冷红,等,2021.长三角地区县域中小城市空间形态对碳排放效率影响研究[J].西部人居环境学刊,36(6):8-15.

实验三

国土空间规划"双评价"分析

一、实验场景

随着我国经济社会的持续快速发展,我国大部分城市正在经历快速的城市化发展过程。快速的城市化发展使得城市用地范围日益扩张,与此同时,也带来了一些不可忽视的矛盾,这些矛盾主要包括:城市用地数量增长过快致使耕地资源日渐短缺,城市用地扩张导致生态资源受到威胁,城市新区开发建设力度过大导致出现浪费现象,以及城市外延式增长突出导致内部空间结构失衡等。面对这些矛盾与挑战,如何科学地引导城市的发展,协调城市建设用地保障与生态环境、耕地保护间的平衡关系,已经成为当前城市规划工作中急需解决的问题。按照《中共中央国务院关于建立国土空间规划体系并监督实施的若干意见》要求,资源环境承载能力和国土空间开发适宜性评价(简称"双评价")是编制国土空间规划、完善空间治理的基础性工作。

"双评价"的研究在国土空间规划领域扮演着至关重要的角色,涵盖了从农业耕作条件到城镇开发边界划定的多个方面。黎昕(2023)利用 ArcGIS 软件对 DEM 高程数据进行坡度分析,结合土壤粉砂含量和水体分布数据,对湖北省武汉市农业耕作条件进行了适宜性评价和分级。周璠等(2023)则以安徽省黄山市为例,通过构建国土空间开发适宜性评价指标体系,识别生态源地与生态节点,并运用 MCR 模型模拟潜在生态廊道,构建了生态安全格局。郑大伦等(2023)细化了"双评价"体系,采用 ArcGIS 空间分析方法和层次分析法,对四川省开江县农业生产适宜性进行了评价,提出了农业产业布局的优化建议。王冲等(2023)在江西省安远县的研究中,通过集成评价识别了生态系统服务功能极重要区,并明确了农业生产与城镇建设的最大合理规模和适宜空间。

这些研究明确显示,"双评价"在国土空间规划领域已占据核心地位,其理论与方法正逐步得到完善,应用范围亦日益广泛。借助"双评价",能够更加科学地理解区域资源环境的内在优势,识别并解决国土空间开发过程中遇到的矛盾与问题,进而推动区域实现可持续发展。通过对多个地区的案例分析,研究者们展示了"双评价"在实际操作中的具体应用,并提出了相应的优化策略,旨在为未来的国土空间规划和管理提供有价值的参考和指导。展望未来,

实验三　国土空间规划"双评价"分析

"双评价"还需在理论深化、方法创新和实践应用等多个方面展开更多探索,以满足不同区域、不同层级规划的需求,为国土空间的高质量发展提供更为坚实的支撑。

本实验基于90m分辨率的广州DEM栅格数据、1km精度的土壤质地数据以及广州市的交通道路数据,对广州市的农业生产和城市建设适宜性进行了全面的"双评价"。

二、实验目标与内容

1. 实验目标与要求

（1）强化对地区国土空间规划的"双评价"的理解。
（2）熟练掌握SuperMap iDesktopX的使用方法。
（3）结合实际,培养利用数据对国土空间规划进行"双评价"的能力。

2. 实验内容

（1）基于DEM数据的坡度分析和起伏度分析。
（2）对交通道路网络进行密度分析。
（3）利用代数运算对各因素进行栅格计算,并且按照指标要求进行重分级。

三、实验数据与思路

1. 实验数据

采用中国科学院资源与环境中心（https://www.resdc.cn/）的90m分辨率的DEM栅格数据和1km精度的粉砂土含量栅格数据,以及Open Street Map（https://openmaptiles.org/）的道路交通矢量数据。

具体实验数据如表3-1所示。

表3-1　实验数据明细表

数据名称	类型	描述
DEM	TIFF	广州市90m分辨率的高程数据
soil	TIFF	广州市1km精度的粉砂土含量栅格数据
road	SHP	广州市道路网络数据
广州市	SHP	广州市行政区域数据

2. 思路与方法

（1）农业生产适宜性评价。用于评价农业生产的适宜开发利用程度,需满足一定的坡度、表层土壤质地等条件。评价时需扣除河流、湖泊及水库水面区域。评价方法:[农业生产适宜性]=f（[坡度],[表层土壤质地]）。

评价步骤:参考广东省自然资源厅 2020 年 12 月发布的《广东省资源环境承载能力和国土空间开发适宜性评价技术指引(试行)》。基于 DEM 计算栅格单元的坡度,将坡度按≤2°、2°~6°、6°~15°、15°~25°、>25°依次划分为 5(高)、4(较高)、3(中等)、2(较低)、1(低)共 5 个等级。表层土壤质地按照土壤粉砂质含量<60%、60%~80%、≥80%依次划分为 3(高)、2(中)、1(低)共 3 个等级。以坡度分级为基础,结合表层土壤质地,将表层土壤质地等级为 1 级的区域,农业生产适宜性等级直接取最低等级;将表层土壤质地等级为 2 级的区域,坡度分级降 1 级作为农业生产适宜性等级;表层土壤质地等级为 3 级的区域,坡度分级不降级作为农业生产适宜性等级。比如,某一栅格单元按坡度划分是 5 级,若该栅格单元按照表层土壤质地划分为 3 级,则农业生产适宜性还是 5 级;如果表层土壤质地是 2 级,则农业生产适宜性为 4 级;如果表层土壤质地是 1 级,则农业生产适宜性直接降至 1 级。

(2)城镇建设适宜性评价。以城镇建设条件表征,是指城镇建设的土地资源适宜建设程度,需满足一定的坡度、高程条件。对于地形起伏剧烈的地区(如粤北山区),还应考虑地形起伏度指标。评价时需扣除河流、湖泊及水库水面区域。除此之外,将交通网络密度作为城镇建设适宜性评价条件之一,评价方法:[城镇建设适宜性]=f([城镇建设土地资源适宜性],[交通网络密度])。对于城镇建设土地资源适宜性评价方法,参考广东省自然资源厅 2020 年 12 月发布的《广东省资源环境承载能力和国土空间开发适宜性评价技术指引(试行)》。评价方法:[城镇建设土地资源适宜性]=f([坡度],[高程],[地形起伏度])。

评价步骤:首先,利用 DEM 计算地形坡度,按≤3°、3°~8°、8°~15°、15°~25°、>25°划分为 5(高)、4(较高)、3(中等)、2 较低)、1(低)共 5 个等级作为初步的城镇土地资源等级。将高程按照 0~500m、500~1000m、>1000m 划分为 3(高)、2(中)、1(低)共 3 个等级。将高程为 1 级的区域的初步城镇建设土地资源适宜性等级降 2 级;高程为 2 级的区域的初步城镇建设土地资源适宜性等级降 1 级;高程为 3 级的区域不降级。将地形起伏度按<100、100~200m、>200m 划分为 3(高)、2(中)、1(低)共 3 个等级。将地形起伏度为 1 级的区域降 2 级作为城镇建设土地资源适宜性等级;地形起伏度为 2 级的区域降 1 级作为城镇建设土地资源适宜性等级;地形起伏度为 3 级的区域不降级。比如,某一栅格单元按坡度划分是 5 级、高程为 1 级、地形起伏度为 1 级,则城镇建设土地资源适宜性为 1 级;若按坡度划分是 5 级、高程为 2 级、地形起伏度为 1 级,则城镇建设土地资源适宜性为 2 级。以此类推,进行重分级处理得到最终的城镇建设土地资源适宜性评价分级结果。然后,进行交通网络密度评价分级,将公路网作为交通网络密度评价主体,采用核密度分析方法计算。将交通网络密度按等距分段的方法分为 5(高)、4(较高)、3(中等)、2(较低)、1(低)共 5 个等级。最后,将城镇建设土地资源适宜性和交通网络密度按照相同权重进行代数运算相加并按等距分段的方法得到城镇建设适宜性评价分级结果。

具体实验流程如图 3-1 所示。

实验三 国土空间规划"双评价"分析

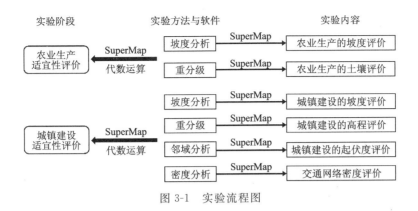

图 3-1 实验流程图

四、实验步骤

1. 农业生产适宜性评价

1) 导入数据

操作如下:右击数据源→新建文件型数据源→右击新建数据源→导入数据集→点击左上角加号添加文件→添加所需要的土壤数据和 DEM 数据→选择数据集类型为栅格后导入→成功导入后双击或者右击打开图层,具体如图 3-2～图 3-6 所示。

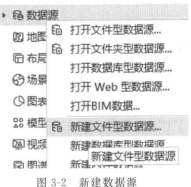

图 3-2 新建数据源

图 3-3 保存数据源

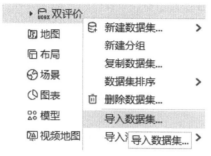

图 3-4 导入数据集

图 3-5 添加文件

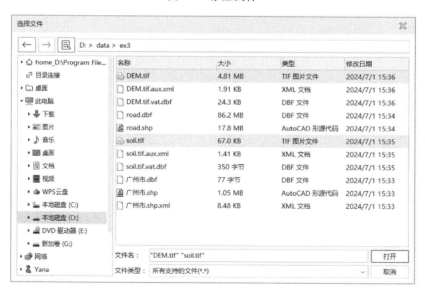

图 3-6 添加数据

选择自己需要的数据,如 tif 格式,如图 3-7 所示。

图 3-7　选择数据集类型

两个文件选择为栅格数据集,点击导入,双击导入的数据可以查看数据信息。图 3-8 所示为广州市高程图。

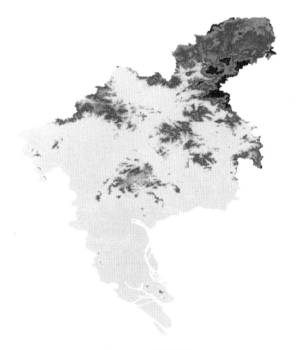

图 3-8　查看数据

2)检查坐标系

操作如下:右击 DEM 数据→点击属性→查看坐标系(若两个图层坐标系不同需转换坐标系)→点击投影转换→选择坐标系,如图 3-9 和图 3-10 所示。

图 3-9 查看 DEM 坐标系　　　　图 3-10 查看 soil 坐标系

右击图层属性,检查 DEM 和 soil 坐标系是否一致。如不一致,将无法进行栅格代数计算,需要进行投影转换。以下操作中,将 soil 图层的坐标系换成 WGS_1984,点击重新设定坐标系,如图 3-11 所示。

图 3-11　重新设定坐标系

选择 GCS_WGS 1984，点击应用，再点击确定，生成一个新的栅格数据，如图 3-12 所示。

图 3-12　选择坐标系

按图 3-13 进行操作，检查输出栅格数据的坐标系是否和 DEM 一样。后续实验将用 soil_1 进行处理。

图 3-13　检查坐标系

3）坡度分析

操作如下：点击空间分析→表面分析→坡度分析→设置参数，如图 3-14 和图 3-15 所示。选择源数据集为 DEM。可对结果数据集进行命名，其他默认。点击运行，获得坡度分析结果，如图 3-16 所示。

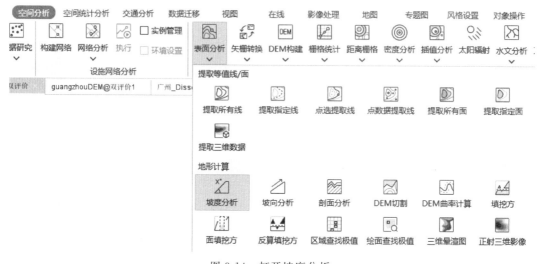

图 3-14　打开坡度分析

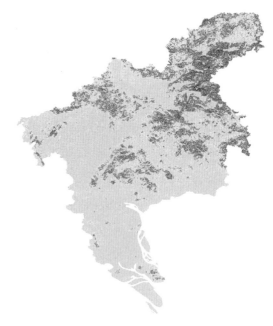

图 3-15　设置参数　　　　　　图 3-16　坡度分析结果

4）坡度分级

按照相应的标准坡度，即≤2°、2°～6°、6°～15°、15°～25°、>25°，依次划分为 5（高）、4（较高）、3（中等）、2（较低）、1（低）共 5 个等级。因此需要再将坡度分析结果进行重分级。操作如下:点击数据→数据处理→重分级→选择范围重分级→设置级数→设置上下限值→设置目标值,如图 3-17 和图 3-18 所示。

图 3-17　坡度重分级

图 3-18　参数设置

选择范围重分级。按照坡度指标,手动设置上下值。点击级数设置,设置为 5 个级数,如图 3-19 所示。这里把级数放在十位数上,即"50"代表 5 级,"40"代表 4 级,"30"代表 3 级,"20"代表 2 级,"10"代表 1 级。这样处理是为了后面栅格代数运算更方便。其他选择默认,点击运行,得到如图 3-20 所示的坡度重分级结果。

图 3-19　目标值设置　　　　　　　　图 3-20　坡度重分级结果

若需要查看级别的空间分布,可以设置色带。操作如下:右键点击坡度重分类图层→图层属性→显示方式设置,如图 3-21 所示。

图 3-21　坡度图层属性

右击图层,打开图层属性,设置颜色表,如图 3-22 所示。

图 3-22　色带设置

选择一条合适的色带点击确定,即可看到不同坡度级别的分布。图 3-23 所示为坡度分级的结果。

图 3-23　坡度分级结果

5) 土壤分级

表层土壤质地:按照土壤粉砂质含量<60%、60%~80%、≥80%依次划分为 3(高)、2(中)、1(低)共 3 个等级。确定级数为 3,按照指标确定上下限。操作如下:点击数据→数据

处理→重分级→设置级数→设置目标值,然后按照标准对土壤质地进行重分级,如图 3-24 所示。

图 3-24　土壤重分级

先打开重分级,如图 3-25 所示,设置重分级参数。土壤的级数使用个位数表示。点击运行,得到如图 3-26 所示的土壤分级结果。

图 3-25　设置目标值

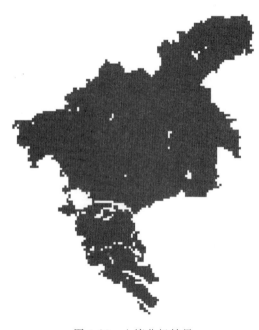

图 3-26　土壤分级结果

6)农业生产适宜性评价:坡度与土壤代数运算

按照评价指标的要求进行处理,将表层土壤质地等级为1级的区域,土地资源等级直接取最低等级;将表层土壤质地等级为2级的区域,坡度分级降1级。前述操作已经将坡度和土壤都作好了分级,接下来用代数运算将坡度和土壤进行栅格计算。操作如下:点击数据→数据处理→代数运算→设置运算表达式,如图3-27和图3-28所示。

图3-27 代数运算

图3-28 设置运算表达式

输入运算公式。由于选取的指标体系没有权重,因此如果有权重还需设置权重。这里直接将坡度与土壤相加,再进行降级处理。代数运算参数如图3-29所示,计算得到如图3-30所示的结果。

图 3-29　代数运算参数设置　　　　图 3-30　代数运算结果

7) 农业生产适宜性分级

操作如下:右键点击统计栅格值,如图3-31所示,可以发现代数运算之后都是单值。十位数表示坡度的级数,个位数表示土壤的级数。比如"13"代表坡度1级、土壤3级的区域。

图 3-31　查看统计栅格值

接下来按照标准进行降级操作。将表层土壤质地等级为 1 级的区域，土地资源等级直接取最低等级；将表层土壤质地等级为 2 级的，坡度分级降 1 级。具体操作如图 3-32 和图 3-33 所示。

图 3-32　重分级

图 3-33　重分级设置

选择单值重分级,点击默认单值。如图 3-34 所示进行降级处理,对目标值进行修改。其他保持默认,点击运行。

图 3-34 修改目标值

最后的农业生产适宜性评价分级结果如图 3-35 所示。其中,"1"表示不适宜,"2"表示较不适宜,"3"表示一般适宜,"4"表示比较适宜,"5"表示适宜。

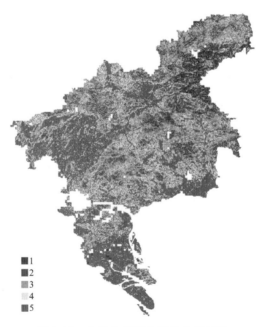

图 3-35 农业生产综合评价分级结果

2. 城镇建设适宜性评价

1)坡度分级

评价指标按≤3°、3°～8°、8°～15°、15°～25°、>25°划分为5(高)、4(较高)、3(中等)、2(较低)、1(低)共5个等级作为初步的城镇土地资源等级。首先按照城镇建设要求,进行坡度分级。由于前面步骤中农业用地评价完成了坡度分析,因此在原来坡度分析的基础上,进行重分级。操作如下:重分级→设置段值上下限→设置目标值,如图3-36所示。

对坡度进行重分级。需要综合考虑到坡度、高程和地形起伏度3个方面,因此把级数放在百位数上,即"500"表示5级,"400"表示4级,"300"表示3级,"200"表示2级,"100"表示1级。城镇坡度重分级结果如图3-37所示。

图3-36 重分级设置　　　　图3-37 坡度分级结果

2)高程分级

将高程>1000m的区域的初步城镇土地资源等级降2级,将高程500～1000m的区域的初步城镇土地资源等级降1级。高程0～500m作为3级,500～1000m作为2级,1000m以上作为1级,并针对高程,若十位数为3不降级,十位数为2降1级,十位数为1降2级。操作如下:重分级→设置段值上下限→设置目标值。重分级参数设置如图3-38所示。

把高程的级数放在十位数上,即"30"表示3级,"20"表示2级,"10"表示1级。城镇高程重分级结果如图3-39所示。

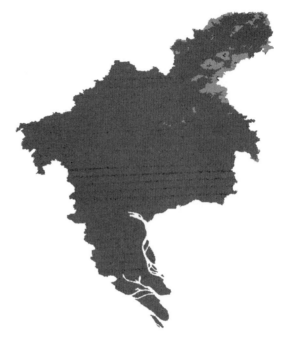

图 3-38 重分级和目标值设置　　图 3-39 高程重分级结果

3）起伏度分析

操作如下：点击空间分析→栅格统计→邻域统计→选择数据集→选择统计模式为值域。具体操作如图 3-40～图 3-42 所示。

图 3-40 打开邻域统计　　图 3-41 统计模式设置

图 3-42 起伏度分析结果

4）起伏度分级

按照起伏度的标准进行分级。将地形起伏度＞200m 的区域降 2 级作为城镇土地资源等级，地形起伏度在 100～200m 之间的区域降 1 级作为城镇土地资源等级。因此地形起伏度＜100m 作为 3 级，100～200m 之间作为 2 级，＞200m 作为 1 级；并针对起伏度，若个位数为 3 不降级，十位数为 2 降 1 级，十位数为 1 降 2 级。

操作如下：重分级→设置段值上下限→设置目标值，如图 3-43 所示。

城镇起伏度分级结果如图 3-44 所示。

图 3-43 重分级设置　　　　　　　　图 3-44 城镇起伏度分级结果

5)城镇建设土地资源适宜性评价

操作如下:点击数据→栅格计算→代数运算→设置运算表达式,如图 3-45 和图 3-46 所示。

图 3-45　代数运算

图 3-46　设置运算表达式

城镇建设土地资源适宜性评价计算结果如图3-47所示。

图 3-47　城镇建设土地资源适宜性评价结果

6)城镇建设土地资源适宜性分级

接下来对结果进行最终的重分级。操作如下:打开重分级→设定单值重分级→设置默认单值→设置目标值。重分级参数设置如图3-48所示。

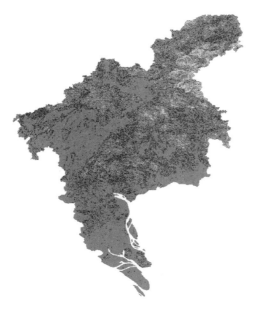

图 3-48　重分级参数设置

打开重分级,选择单值分级和默认单值,进行手动更改目标值。如果原值是433,代表坡度4级、高程3级、起伏度3级,所以无需降级,目标值是4;如果原值是513,表示坡度5级、高程1级、起伏度3级,则需要按照高程标准降2级,所以目标值是3;如果原值是522,表示坡度5级、高程2级、起伏度2级,则需要按照高程和起伏度标准,各需降1级,即一共需要降2级,所以目标值为3。

最后城镇建设土地资源适宜性分级结果如图3-49所示。其中,"1"表示不适宜,"2"表示较不适宜,"3"表示一般适宜,"4"表示比较适宜,"5"表示适宜。

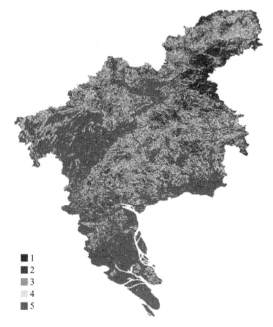

图3-49 城镇建设土地资源适宜性分级结果

7)城市建设交通网络密度评价

操作如下:导入广州市道路数据→工具箱→栅格分析→密度分析→核密度分析→导入广州市地图→栅格裁剪→使用指定面数据集对象区域→重分级。具体过程如图3-50～图3-58所示。

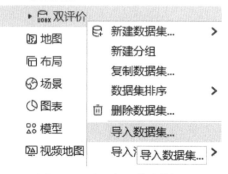

图3-50 导入交通道路数据

实验三 国土空间规划"双评价"分析

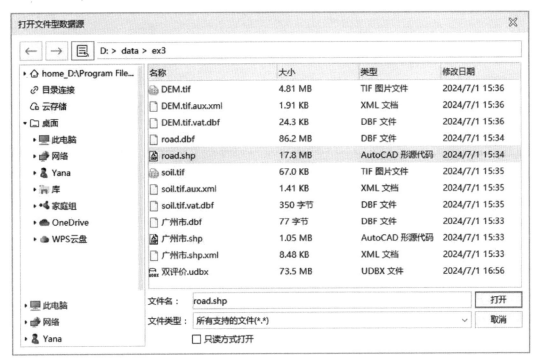

图 3-51 添加交通道路数据

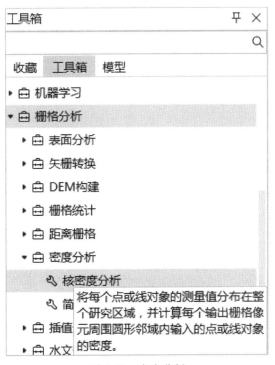

图 3-52 密度分析

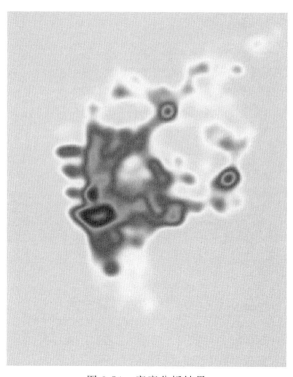

图 3-53　密度分析参数设置　　　　　　　图 3-54　密度分析结果

图 3-55　导入广州市行政区数据并且进行栅格裁剪 　　图 3-56　设置栅格裁剪参数

实验三　国土空间规划"双评价"分析

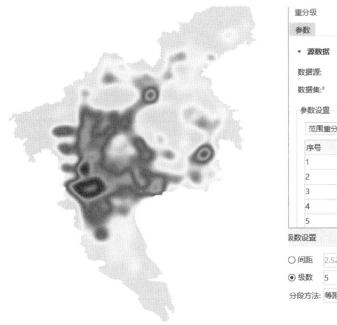

图 3-57　道路密度分析结果　　　　　　　　图 3-58　重分级

本实验将交通网络密度按等距分段分成 5 级,其他的设置默认。交通网络密度分级结果如图 3-59 所示。其中,"1"表示低,"2"表示较低,"3"表示中等,"4"表示较高,"5"表示高。

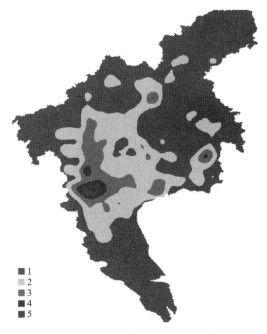

图 3-59　交通网络密度分级结果

4. 城镇建设适宜性评价

本实验假设城镇建设土地资源适宜性、城镇建设的交通网络密度在城镇建设的综合评价中具有相同权重。所以这里直接将城镇建设的土地资源、城镇建设的交通网络密度的级数进行相加。计算结果的值在2～10之间。"2"代表某一栅格两类的级数相加为2;"10"代表两类的级数相加为10。因此最后计算结果直接用等距分段进行分级。

操作如下:数据→数据处理→代数运算→栅格代数运算表达式→设置级数→设置分段方法,如图3-60～图3-62所示。

图 3-60 代数运算

图 3-61 设置栅格代数运算表达式

实验三 国土空间规划"双评价"分析

图 3-62 对运算结果进行重分级

城镇建设适宜性评价分级结果分成 5（高）、4（较高）、3（中等）、2（较低）、1（低）共 5 个等级。最终的城镇建设适宜性评价分级结果如图 3-63 所示。

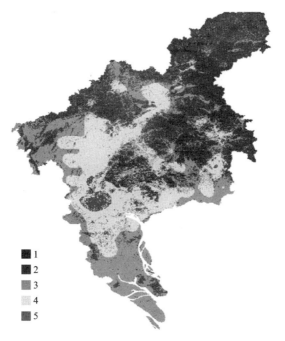

图 3-63 城镇建设适宜性评价分级结果

参 考 文 献

黎昕,2023.基于"双评价"的农业耕作条件适宜性评价研究:以武汉市为例[J].南方农机,54(24):87-90.

周璠,鲁成树,臧玉多,等,2023.基于"双评价"的生态安全格局构建研究:以安徽省黄山市为例[J].自然资源情报(8):44-51.

郑大伦,焦翠翠,胥娟,等,2023.基于"双评价"的农业生产适宜性评价:以四川省开江县为例[J].中南农业科技,44(10):135-140.

王冲,张景,彭博,等,2023.基于"双评价"的国土空间格局优化研究:以江西省安远县为例[J].华北地质,46(2):69-78.

实验四
土地利用变化模拟与城市增长边界划定

一、实验场景

城镇开发边界的划定是国土空间总体规划编制的一项重要工作,是"三线"划定中的重点和难点,关系城市、县域用地规模和发展方向。既要考虑自然本底因素、顺应自然地理条件,又要结合城镇发展需求,优化城镇的功能布局和空间形态,对防止城镇的无序蔓延,支撑未来发展空间等具有重要的意义(赵民等,2019)。在实际规划中,可通过用地区划、开发区和非开发区界定等进行调控,从而引导区域建设用地的有序增长(Lai et al.,2023)。

现有的城镇开发边界划定研究通常基于元胞自动机(Cellular Automata,CA)原理和融合模型开展土地利用的变化模拟来实现划定,包括ANN-CA、CLUE-S和Logistic-CA等应用方法,但缺乏对宏观土地需求及复杂空间驱动因素影响的考虑。2017年,Liu等在CA模型的基础上整合人工神经网络算法和轮盘赌选择机制,提出了未来土地利用模拟模型(Future Land Use Simulation,FLUS),推动了"自上而下"和"自下而上"建模思路的有机融合,被广泛用于自然、社会、经济等要素驱动力下的用地变化模拟(王保盛等,2019),有效支撑了多情景、多尺度的城镇开发边界划定研究与工作(吴昕芯等,2018;Liang et al.,2018;谭荣辉等,2020),但县域尺度下的相关应用仍较为有限。

随着我国新型城镇化和乡村振兴战略的实施与推进,城乡间的要素交互及空间变化呈现出新的特征,以县域为载体的空间利用渐趋强化。如何厘清县域用地变化时空特征及驱动因素,开展面向未来多种情景的用地模拟与城镇增长边界划定,对县域空间高质量合理利用及国土空间"三区三线"协调决策等有重要的意义。因此,本实验将聚焦县域这一空间尺度及其发展特征,融合大数据表征要素和FLUS模型方法,建立面向多元情境的用地模拟与城镇边界划定路径指引,以期为读者提供科学、精细的县域国土空间利用模拟参考。

本实验以广东省新兴县为例,通过耦合系统动力学(SD)模型、马尔科夫链模型和FLUS模型来模拟土地利用和土地覆盖(LUCC)空间分布格局,此外还引入夜间灯光遥感图像、POI(Point of Interests)和腾讯用户(Tencent User Density,TUD)大数据等多源大数据,分析LUCC动态的驱动因素。最后基于LUCC变化模拟结果,描绘不同情景下的城市增长边界(UGB)。

二、实验目标与内容

1. 实验目标与要求

(1)强化对 SD 模型、马尔科夫链模型、FLUS 模型的理解。
(2)熟练掌握利用模型模拟 LUCC 空间分布格局的方法。
(3)结合实际,培养利用 LUCC 模拟结果,描绘城市增长边界的能力。

2. 实验内容

(1)利用 FLUS 模型模拟 LUCC 空间分布格局。
(2)描绘不同情景下的城市增长边界。

三、实验数据与思路

1. 实验数据

采用的实验数据包括土地利用数据、统计年鉴数据、限制发展区数据及土地利用变化驱动因子数据,数据来源和明细如表4-1、表4-2所示。其中2015年和2020年的新兴县土地利用数据来源于地理国情监测云平台,根据新兴县实际情况重分类为耕地、林地、草地、水体、建设用地。统计年鉴数据来源于云浮市统计局,结合土地利用数据用于SD模型的构建。限制发展区数据包括耕地保护红线以及生态敏感区数据,前者来源于新兴县自然资源局,后者通过空间分析处理得到。同时引入多源大数据,采用2019年NPP/VIIRS数据描述新兴县经济发展情况。利用华东师范大学社会大数据平台获取的公共设施和工业企业兴趣点(POI)来表示公共设施和工业企业的密度。使用2019年的合成TUD数据来表征人口密度。利用ArcGIS将空间数据处理为30m的栅格数据。

表 4-1 实验数据及来源一览表

数据类型	名称	数据年份	数据来源
土地利用数据	2015年新兴县土地利用数据	2015	地理国情监测云平台
	2020年新兴县土地利用数据	2020	
统计年鉴数据	GDP	2015—2020	云浮市统计年鉴
	固定资产投资		
	常住人口数量		
	城镇人口数量		
	粮食产量		
限制发展区数据	基本农田保护区数据	2020	新兴县自然资源局
	生态敏感区数据		经ArcGIS空间分析处理得到

续表 4-1

数据类型	名称	数据年份	数据来源
限制发展区数据	与铁路距离	2020	OpenStreetMap，经 ArcMap 欧式距离工具计算得到
	与公路距离		
	与高速公路距离		
	与水体距离	2020	百度地图 API，经 ArcMap 欧式距离工具计算得到
	与县政府距离		
	与镇政府距离		
驱动因子数据	DEM	2020	地理空间数据云
	坡度		经 DEM 计算获得
	坡向		
	产业布局密度（产业企业 POI 大数据）	2017	城市空间定量研究数据平台，经核密度分析得到
	公共服务设施密度（公共服务 POI 大数据）		
	经济发展水平（夜间灯光数据）	2019	美国国家海洋和大气管理局（NOAA）对地观测组
	人口活动强度（腾讯位置大数据）	2019	腾讯用户密度（TUD）数据，经合成 2019 年度数据得到

表 4-2　数据明细表

数据名称	类型	描述
Reclass_2015lucc	TIFF	2015 年新兴县土地利用数据
Reclass_2020lucc	TIFF	2020 年新兴县土地利用数据
eco_protectingarea	TIFF	生态敏感区数据
Main_road	SHP	主干道数据
dis_railway	TIFF	与铁路距离
dis_highway	TIFF	与高速公路距离
dis_road	TIFF	与道路距离
xxdem	TIFF	DEM
slope	TIFF	坡度
aspect	TIFF	坡向
chanye_density	TIFF	产业布局密度
xxgongg_density	TIFF	公共服务设施密度
xxnpp	TIFF	夜间灯光数据
xx_tud	TIFF	TUD 数据

2. 思路与方法

通过构建土地利用需求预测、LUCC 空间格局模拟和未来 UGB 划定的县域 UGB 划定框架实现对新兴县 2020—2035 年不同发展情境下县域土地利用动态的预测以及城市增长边界的划定。

1) 土地利用需求预测

不同的发展情景将影响土地利用预测的方向。根据已有研究的情景设定(Chen & Liu,2021;Wang et al.,2022)和具体的区域 LUCC 特征,建立了 3 种不同的情景,包括自然发展情景(ND)、农田保护情景(FP)和生态保护情景(EP),如表 4-3 所示。由于 ND 情景的 LUCC 仅受历史 LUCC 规律的影响,因此采用马尔科夫链模型预测该情景的土地利用需求,其他两种情景的土地利用需求则由 SD 模型预测。

表 4-3 情景设置详情表

场景	场景描述	模拟限制
自然发展(ND)	该方案不考虑对土地开发的任何政策限制。未来需求的发展将遵循 LUCC 变化的历史规律	没有限制
农田保护(FP)	保护优质农田的数量和质量对于维护区域粮食安全至关重要。因此,有必要限制主要农田地区的土地转换,以防止由于不受控制的城市扩张而迅速失去主要农田	以主要农田保护区为限制,禁止该区耕地改造
生态保护(EP)	生态安全对于维持生物多样性和区域环境质量至关重要。因此,生态安全格局的保护应受到重视	将生态敏感区作为限制区,其中的 LUCC 无法转换

2) 马尔科夫链模型

马尔科夫链模型中目标的当前状态仅由先前状态决定(Cui et al.,2014)。对于 $t+1$ 时间的 ND 场景的土地利用需求依赖在 t 时间段土地利用。在预测过程中,放弃了长时间序列的信息,而使用最近两个时期(2015 年和 2020 年)的土地利用数据进行预测。规则如下:

$$A_{(t+1)} = P_{(i)} \times A_{(t)} \tag{4-1}$$

式中:$A_{(t+1)}$、$A_{(t)}$ 分别为土地利用类型 k 在时间 $t+1$ 和 t 的数量;$P_{(i)}$ 为土地利用类型 k 在不同时间的转移概率矩阵。马尔科夫链模型用于预测新兴县 2035 年自然发展(ND)情景下的土地利用数量。

3) SD 模型

SD 模型能够预测土地利用需求与社会经济因素之间的线性和非线性关系(Chen & Liu,2021)。赖志鹏(2022)等定义了 7 种类型的土地利用作为 SD 模型中的水平变量。此外,选择几个社会经济因素作为辅助变量。利用 Vensim 软件构建了研究区内土地利用需求预测 SD 模型。首先,基于 2015 年的土地利用数量模拟 2020 年的数据,并与 2020 年真实用地数量进行对比,从而对模型及其参数进行校准和检验。其次,根据辅助变量变化的历史规律,通过调整控制变量的年增长率来预测新兴县 2035 年耕地保护(FP)和生态保护(EP)情景的未来土地利用需求量。在本实验中,直接利用该研究得到的新兴县 2035 年 FP 和 EP 情景下的未来土地利用需求量,进行 FLUS 模拟。

4) FLUS 模型

LUCC 模拟是未来 UGB 划定的基础。采用 FLUS 模型模拟未来 LUCC。FLUS 模型是刘小平等(2017)基于传统元胞自动机(CA)原理进行改进开发的,是在系统动力学模型和元胞自动机模型的基础上整合人工神经网络和轮盘赌机制建立的。模型主体分为两大模块,分别为基于人工神经网络的出现概率模拟和自适应惯性竞争元胞自动机。模型可以较好地用于多种驱动因素下的土地利用变化多情景模拟。

FLUS 模型中的神经网络(ANN)算法由输入层、隐含层和输出层共 3 层网络构成,公式如下:

$$p(p,k,t) = \sum_j w_{j,k} \times \mathrm{sigmoid}(\mathrm{net}_j(p,t)) = \sum_j w_{j,k} \times \frac{1}{1+\mathrm{e}_j^{-\mathrm{net}_i}(p,t)} \quad (4\text{-}2)$$

式中:$p(p,k,t)$ 为第 k 种类型在栅格 p、时间 t 上的适应性概率;$w_{j,k}$ 为隐藏层和输出层之间的自适应权重;sigmoid() 为隐藏层至输出层的激励函数;$\mathrm{net}_j(p,t)$ 为在第 j 个隐藏时间 t 上从栅格 p 接收到的信号。

将通过 ANN 计算得到的元胞发展概率与元胞的领域影响及自适应系数进行总体概率计算。其中领域影响反映了城市周围单元与中心单元的相互影响,表示领域范围内各用地单元间的作用。选取 $N \times N$ 的领域模型进行城市模拟,元胞领域影响因子的计算模型如下:

$$\Omega_{p,k}^t = \frac{\sum_{N \times N} \mathrm{con}(c_p^{t-1} = k)}{N \times N - 1} \times w_k \quad (4\text{-}3)$$

式中:$\sum_{N \times N} \mathrm{con}(c_p^{t-1} = k)$ 为在 $N \times N$ 窗口内的最后一次迭代时间 $t-1$ 时土地利用类型 k 占用的格网像元总数;w_k 为不同土地利用类型之间的可变权重。

自适应惯性系数用于调整当前土地利用的数量,使模拟用地参照实际需求进行发展。自适应惯性系数将判断当特定的土地利用类型发展趋势与实际需求存在差异较大时,则在下一次迭代中调整土地利用的发展趋势,实现动态增加该土地利用类型的数量。计算公式为

$$I_k^t = \begin{cases} I_k^{t-1} & 若 \quad |D_k^{t-1}| \leqslant |D_k^{t-2}| \\ I_k^{t-1} \times \dfrac{D_k^{t-2}}{D_k^{t-1}} & 若 \quad D_k^{t-1} < D_k^{t-2} < 0 \\ I_k^{t-1} \times \dfrac{D_k^{t-1}}{D_k^{t-2}} & 若 \quad 0 < D_k^{t-2} < D_k^{t-1} \end{cases} \quad (4\text{-}4)$$

式中:I_k^t 为土地利用类型 k 在迭代时刻 t 的自适应惯性系数;D_k^{t-1} 为宏观土地使用真实需求和其所分配面积之间的差异,直到迭代时间 $t-1$。惯性系数是相对于占用格网像元的当前土地利用类型定义的。因此,如果所考虑的土地利用类型不是当前的土地利用,则土地利用类型的惯性系数将被设置为 1,并且不会改变该格网像元的土地利用类型的组合概率。

转换成本是从当前土地类型到目标类型的转换难度,是影响土地利用动态的另一个因

素。根据对研究区历史土地利用数据的分析和区域专家意见进行估算。它反映了土地利用的内在属性，而没有考虑技术进步和人类活动等多变的影响。对于从 c 到 k 的土地利用类型变化的成本表示为 $sc_{c \to k}$。

在综合考虑多种因素下，使用以下公式估计特定土地利用类型占用像元的组合概率：

$$\text{TP}_{p,k}^t = P_{p,k} \times \Omega_{p,k}^t \times I_k^t \times (1 - sc_{c \to k}) \tag{4-5}$$

式中：$\text{TP}_{p,k}^t$ 为在迭代时间 t 时，格网像元 p 从原始土地利用类型转变为目标类型 k 的组合概率；$p_{p,k}$ 为格网像元 p 上土地利用类型 k 的发生概率；$\Omega_{p,k}^t$ 为迭代时间 t 土地利用类型 k 对格网像元 p 的领域效应；I_k^t 为迭代时间 t 时土地利用类型 k 的惯性系数；$sc_{c \to k}$ 为从原始土地利用类型 c 到目标类型 k 的转换成本。

5）城市边界划定

一般来说，一些面积较小且紧凑度低的建设用地斑块不适合用于划定城市增长边界，可以通过形态学的方法进行消除。本实验采用形态学中的膨胀和腐蚀算子对模拟得到的建设用地边界进行开、闭运算，消除噪声的同时平滑边界，从而生成更加符合真实形态的城市增长边界。开运算的公式为：

$$X \circ B = (X \oplus B) \ominus B \tag{4-6}$$

开运算中，首先通过膨胀算法保留去除噪声后的边界，然后通过腐蚀算法消除一些面积较小且孤立的小斑块。

闭运算的计算顺序与开运算相反，先对图像进行腐蚀运算，然后再进行膨胀运算，计算公式为：

$$X \cdot B = (X \ominus B) \oplus B \tag{4-7}$$

开、闭运算运用在城市边界的划定中，开运算能够切断细长的城市单元而实现分离，并起到平滑城市单元块的作用；而闭运算能够填充城市单元的缺口与空洞，从而连通城市单元块（吴欣昕等，2018）。

实验整体流程如图 4-1 所示。

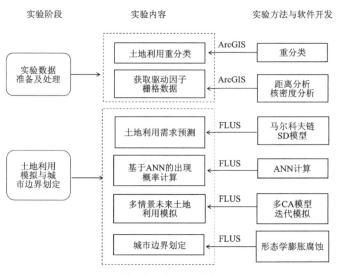

图 4-1 实验流程图

实验四 土地利用变化模拟与城市增长边界划定

 四、实验步骤

如实验流程所示,首先利用 SD 模型和马尔科夫链模型,对土地利用需求进行预测,再利用 FLUS 模型对土地利用进行模拟。具体实验步骤如下。

1. 查看重分类的土地利用数据

根据新兴县实际情况,将 2015 年和 2020 年土地利用数据重分类为耕地、林地、草地、水体、建设用地,分类编号如表 4-4 所示。

表 4-4 土地利用分类表

土地类型	耕地	林地	草地	水体	建设用地
分类编号	1	2	3	4	5

在 ArcGIS 的内容管理器中分别将新兴县 2015 年和 2020 年分类好的土地利用数据导入。在内容管理器中右击导入的土地利用栅格数据,选择"打开属性表",获得各土地类型的栅格个数,如图 4-2 和图 4-3 所示。

OID	Value	Count
0	1	376735
1	2	1119974
2	3	64871
3	4	23729
4	5	83694

图 4-2 2015 年土地利用栅格统计结果

OID	Value	Count
0	1	366267
1	2	1114691
2	3	61760
3	4	26962
4	5	99323

图 4-3 2020 年土地利用栅格统计结果

2. LUCC 空间格局模拟

1)驱动因子

将多种驱动因子处理为 30m 的栅格数据。注意所有驱动因子栅格数据的行列数要保持一致。以获得道路距离的栅格数据为例,在 ArcGIS 中打开主干道道路数据和新兴县 2020 年土地利用数据;在功能区中选择"地理处理"→"环境";在处理范围中选择"新兴县 2020 年土地利用数据",如图 4-4 所示。

在工具箱中选择"Spatial Analyst 工具"→"距离分析"→"欧式距离"。将"主干道"数据作为输入要素数据,输出像元为 30m,如图 4-5 所示。

依次选择"Spatial Analyst 工具"→"提取分析"→"按掩膜提取",如图 4-6 所示。

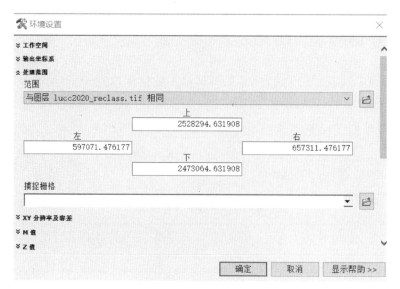

图 4-4 环境设置

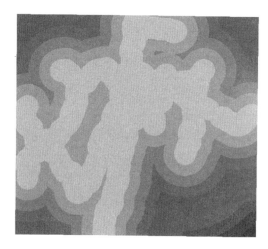

图 4-5 欧式距离结果

图 4-6 按掩膜提取参数及结果

2) 基于神经网络的出现概率计算

打开软件"FLUS V2.4_boxed",注意 FLUS 软件中的操作需要在英文路径下运行,文件需要以英文命名。

选择功能区的"FLUS Model"→"ANN-based Probability-of-occurrence Estimation"。在"Land Use Data"中选择 2015 年土地利用数据,"Set NoData Value"设置无效值,将"Land Use Code"为"127"的一行设置为"NoData Value",在"Land Use Type"中将名称更改为对应编号的土地类型名称,如图 4-7 所示。

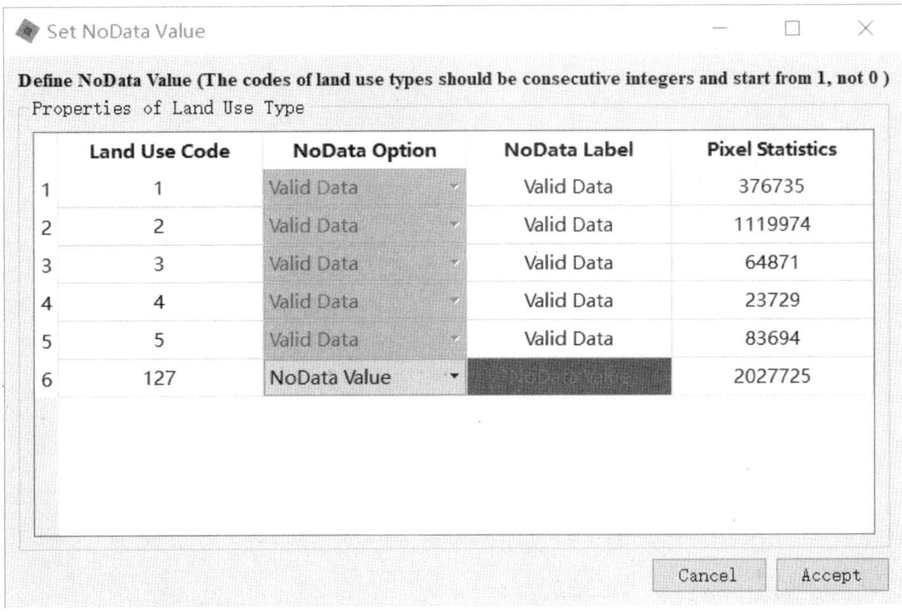

图 4-7 设置无效值参数

在"ANN Training"功能区中设置训练样本的采样模式:Uniform Sampling(均匀采样模式)或 Random Sampling(随机采样模式)。本实验采用均匀采样模式。设置 Sampling Rate(神经网络训练的采样比例)以及 Hidden Layer(神经网络隐藏层)。在"Save Path"中设置 Single Accuracy(单精度)或 Double Accuracy(双精度)。单精度选项生成 Float 类型(单精度浮点型)的影像,节省内存空间,适合较大尺度的土地利用变化模拟;双精度生成数据精度较高的影像。同时设置保存路径。

在"Driving Data"功能框中设置归一化处理。"Normalization"表示进行归一化处理,将所有驱动因子归一化到 0~1 之间。输入所有驱动因子,如图 4-8 所示,运行得到基于神经网络的出现概率计算结果。

3) 获取土地利用需求量的预测结果

(1) 自然发展情景。在自然发展情景下,采用马尔科夫链模型对土地利用需求量进行预测。打开 FLUS 模型软件,在功能区中选择"Prediction"→"Markov chain",在"Start year image"中选择 2015 年新兴县土地利用栅格数据,在"End year image"中选择 2020 年土地利用数据。相关参数如图 4-9 所示,预测结果如图 4-10 所示。

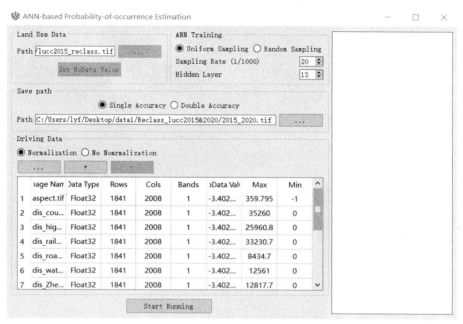

图 4-8 神经网络的出现概率参数设置

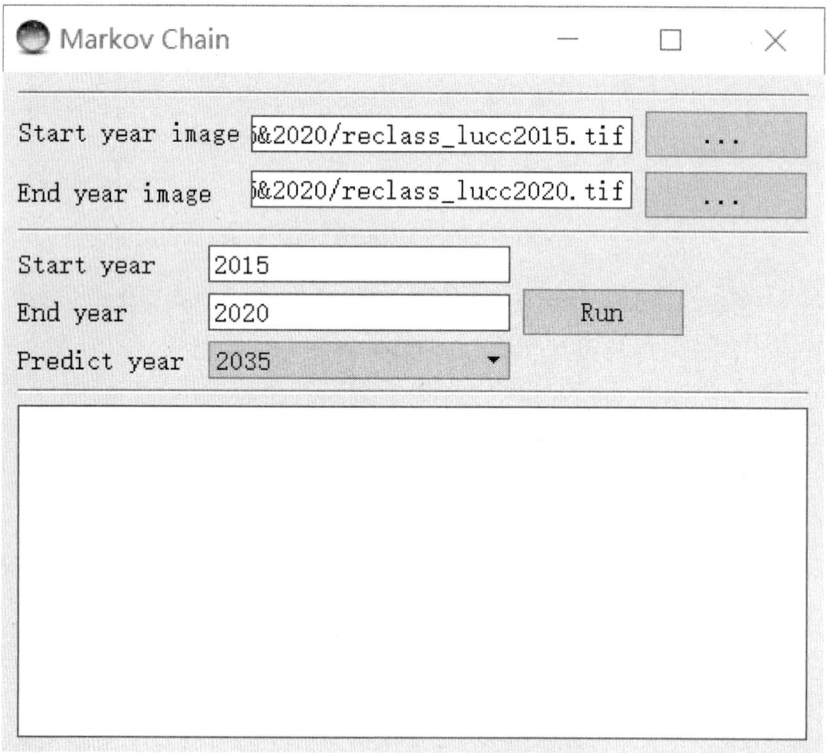

图 4-9 马尔科夫链模型预测参数

```
[Predict amount]
year, type1, type2, type3, type4, type5
2020, 366267, 1114691, 61760, 26962, 99323
2025, 357104, 1109369, 59268, 29794, 113467
2030, 349100, 1104085, 57266, 32275, 126277
2035, 342124, 1098892, 55652, 34451, 137884
```

图 4-10　马尔科夫链模型预测结果

(2) 耕地保护(FP)和生态保护(EP)情景。本实验采用赖志鹏(2022)等研究获取的 2035 年耕地保护和生态保护情景下的土地利用需求量预测结果。该结果包含了 2035 年新兴县在两种情景下，各土地利用类型所需的栅格数量。结果如表 4-5 所示。

表 4-5　2035 年 FP 和 EP 情景下土地利用需求量栅格预测结果表

	耕地	林地	草地	水域	建设用地
耕地保护	362 378	1 110 288	59 466	27 511	110 088
生态保护	355 566	1 116 531	60 455	27 511	109 677

4) 基于 CA 模型模拟土地利用空间分布

选择功能区的"FLUS Model"→"Self Adaptive Inertia and Competition Mechanism CA"。在"Land Use Data"组合框中导入 2015 年土地利用数据，同时点击"Set Land Use Type,Color Display and NoData Value"，将值为"255"类型的数据设置为"NoData Value"，如图 4-11 所示。

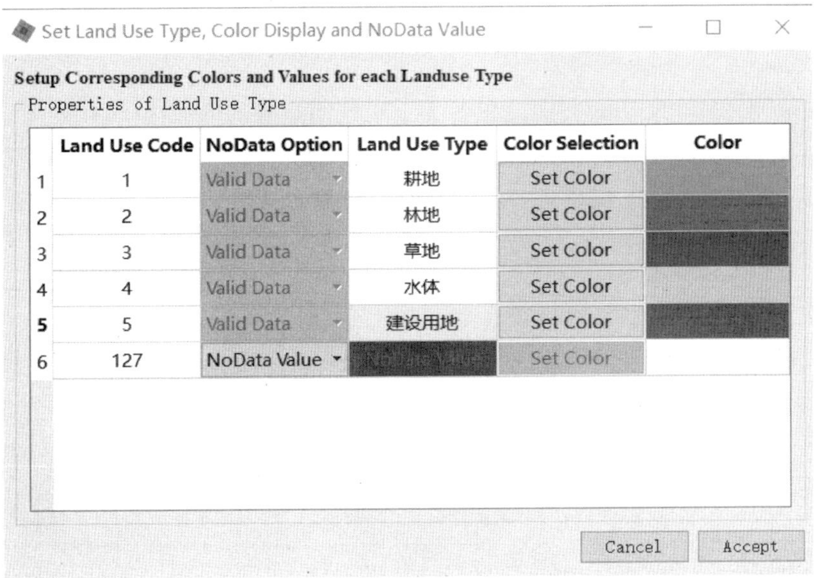

图 4-11　土地利用模拟设置无效值

在“Probability Data”组合框中输入适宜性概率数据。在“Save Simulation Result”中设置保存路径。在“Simulation Setting”组合框中设置模拟参数。“Maximum Number of Interation”代表迭代次数，软件默认为 300。“Neighborhood”代表领域大小，一般为奇数，软件默认为 3，表示元胞自动机采用 3×3 摩尔邻域。“Accelerate”为加速因子，默认为 0.1。在“Future Land Area”中输入 2020 年模拟预测的目标像元，得到如图 4-12 模拟预测的 2020 年需求像元数。

Land Use Demand | Cost Matrix | Weight of Neighborhood

	耕地	林地	草地	水体	建设用地
Initial Pixel Number	376735	1119974	64871	23729	83694
Future Pixel Number	366267	1114691	61760	26962	99323

图 4-12　2020 年模拟预测的需求像元数

在“Cost Matrix”中设置各类土地利用类型在模拟转换中的成本矩阵。本次模拟以自然发展情景为例，转换规则如图 4-13 所示。可以向其他土地类型转换的土地利用类型的矩阵值设置为 1，不允许向其他土地利用类型转换的矩阵值设置为 0。

Land Use Demand | Cost Matrix | Weight of Neighborhood

	耕地	林地	草地	水体	建设用地
耕地	1	0	1	1	1
林地	1	1	0	0	0
草地	1	1	1	1	1
水体	0	0	1	1	0
建设用地	0	0	0	0	1

图 4-13　土地利用转换矩阵

在“Weight of Neighborhood”中设置各类土地利用类型的邻域因子参数，参数范围为 0～1，越接近 1 代表该土地类型的扩张能力越强。邻域因子参数是基于土地利用扩张的变化量，可利用无量纲化公式处理（王保盛等，2019）获得。计算公式为：

$$X^* = \frac{X - \min}{\max - \min} \tag{4-8}$$

式中：X^* 为离差标准化值，即邻域因子参数；max 为数据最大值；min 为数据最小值。

如表 4-6 所示，对邻域因子参数进行设置，利用 2015 年的像元值和 2020 年自然发展情景下模拟预测的像元值进行计算。

表 4-6　邻域因子参数设置

	耕地	林地	草地	水体	建设用地
变化量	−10 468	−5283	−3111	3233	15 629
邻域因子	0	0.2	0.28	0.53	1

设置完相关参数，在窗口左下角选择"Show"，进行土地利用模拟。点击"Run"，开始模拟。在窗口左上侧显示各土地利用类型在迭代过程中的数量变化曲线。当达到设置的迭代次数或达到未来土地类型的数量目标时，将自动停止迭代，完成模拟。

5）模拟精度验证

在 FLUS 软件的功能区选择"Validation"→"Precision Validation"。在"Kappa"组合框中可以计算 Kappa 系数验证精度。在"Ground Truth"中加载真实的 2020 年土地利用数据。在"Simulation Result"中输入模拟结果。软件提供 Random Sampling（随机采样模式）和 Uniform Sampling（均匀采样模式）两种采样方法。本实验采用随机采样，采样率为 10%。Kappa 验证结果如图 4-14 所示。

```
[Confusion Matrix]
Land use types, type1, type2, type3, type4, type5, total
type1, 34503, 791, 78, 172, 1044, 36588
type2, 765, 109034, 958, 316, 766, 111839
type3, 102, 1146, 4886, 78, 64, 6276
type4, 204, 89, 79, 2138, 76, 2586
type5, 1010, 248, 257, 11, 8085, 9611
total, 36584, 111308, 6258, 2715, 10035, 166900.000000


[Kappa Coefficient]
Kappa, 0.901076


[Overall Accuracy]
Overall, 0.950545
```

图 4-14　Kappa 验证结果

在"FoM"组合框中可以计算 FoM 系数，其中"Start Map"加载真实的 2015 年初始土地利用数据。FoM 系数验证结果如图 4-15 所示。

```
A=, 69075
B=, 3053
C=, 309
D=, 11264
[Figure of Merit]=B/(A+B+C+D)
FoM=, 0.0364751
[Producer's Accuracy]=B/(A+B+C)
Producer's Accuracy=, 0.042147
[User's Accuracy]=B/(B+C+D)
User's Accuracy=, 0.208738
```

图 4-15　FoM 系数验证结果

通过验证结果可知模型的精度较高,可以用来进行未来的土地利用模拟。

6)多情景未来土地利用模拟

通过2015—2020年的模拟结果可知,模型具有较高的拟合性。因此实验对不同情景下,2035年的土地利用状况进行模拟。

与前述步骤相同,首先建立基于2020年土地利用数据的神经网络出现概率计算。参数设置如图4-16所示。

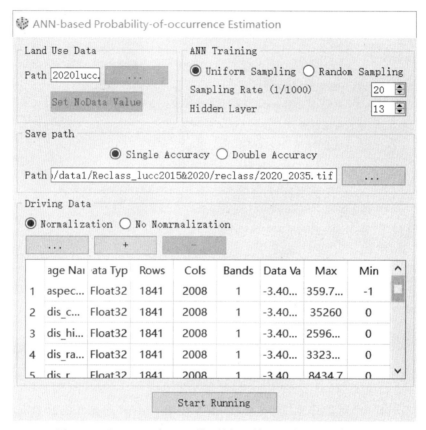

图4-16 基于2020年土地利用数据的神经网络出现概率计算

在基于CA模拟土地利用空间分布中,根据不同情景进行了模拟。输入不同情景下对应的土地利用需求量。其中自然发展情景为马尔科夫链模型获得,如图4-17所示。耕地保护和生态保护情景如图4-18、图4-19所示。输入不同情景下的土地利用转换矩阵。

	耕地	林地	草地	水体	建设用地
耕地	1	0	1	1	1
林地	1	1	0	0	0
草地	1	1	1	1	1
水体	0	0	1	1	0
建设用地	0	0	0	0	1

图4-17 自然发展情景土地利用转换矩阵

	耕地	林地	草地	水体	建设用地
耕地	1	0	0	0	0
林地	1	1	1	0	0
草地	1	1	1	1	1
水体	1	0	1	1	0
建设用地	0	0	0	0	1

图 4-18　耕地保护情景土地利用转换矩阵

	耕地	林地	草地	水体	建设用地
耕地	1	1	1	1	1
林地	0	1	0	0	0
草地	0	1	1	1	0
水体	0	0	0	1	0
建设用地	0	0	0	0	1

图 4-19　生态保护情景土地利用转换矩阵

计算不同发展情景下的领域因子参数，如表 4-7～表 4-9 所示。

表 4-7　自然发展情景下邻域因子参数

	耕地	林地	草地	水体	建设用地
变化量	−24 143	−15 799	−6108	7489	38 561
邻域因子	0	0.13	0.29	0.50	1

表 4-8　耕地保护情景下邻域因子参数

	耕地	林地	草地	水体	建设用地
变化量	−3889	−4403	−2294	549	10 765
邻域因子	0.03	0	0.14	0.33	1

表 4-9　生态保护情景下邻域因子参数

	耕地	林地	草地	水体	建设用地
变化量	−10 701	1840	−1305	549	10 354
邻域因子	0	0.60	0.45	0.53	1

以生态保护发展情景为例，在"Restricted Area"组合框中输入生态限制区数据，限制转换数据为二值化数据，数值 0 表示该区域不允许发生土地类型转化。如图 4-20 所示，设置生态保护情景土地利用模拟参数，得到 2035 年生态保护情景下土地利用模拟结果如图 4-21 所示。

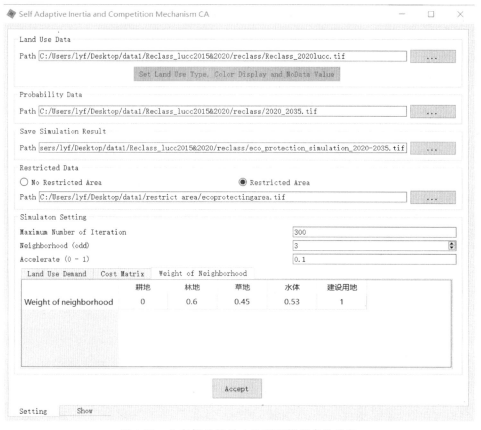

图 4-20　生态保护情景土地利用模拟参数设置

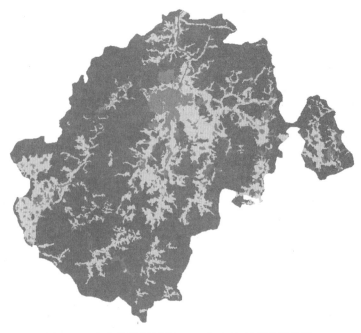

图 4-21　生态保护情景下 2035 年土地利用模拟结果

7) 城市边界划定

在 SuperMap 中导入模拟生成的 2035 年土地利用数据。在功能区选择"数据"→"数据处理"→"栅格"→"重分级"。将分级级数设置为 2，将值为 1—4 重分级为 1，值为 5 重分级为 2，如图 4-22 所示。将重分级结果导出。

在"FLUS_V2.4_boxed"中选择功能区的"UGB delineation"→"Morphological Erosion and Dilation"即可进行城市边界划定。在"Input Image"中输入重分级的土地利用数据。注意必须输入二值化数据，且建设用地数据的值必须为 2，非建设用地的值为 1。城市边界划定参数设置及结果如图 4-23 所示。

图 4-22 栅格重分级参数设置

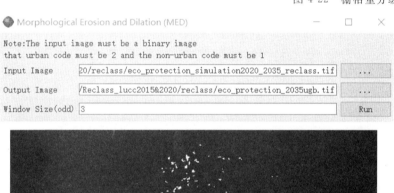

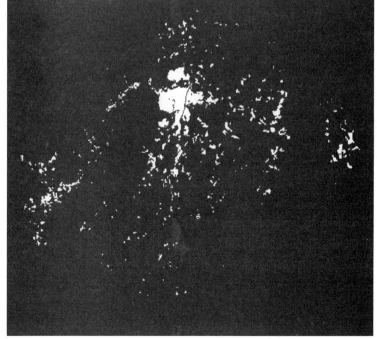

图 4-23 城市边界划定参数设置及结果

参 考 文 献

谭荣辉,刘耀林,刘艳芳,等,2020.城市增长边界研究进展:理论模型、划定方法与实效评价[J].地理科学进展,39(2):327-338.

王保盛,廖江福,祝薇,等,2019.基于历史情景的FLUS模型邻域权重设置:以闽三角城市群2030年土地利用模拟为例[J].生态学报,39(12):4284-4298.

吴欣昕,刘小平,梁迅,等,2018.FLUS-UGB多情景模拟的珠江三角洲城市增长边界划定[J].地球信息科学学报,20(4):532-542.

赵民,程遥,潘海霞,2019.论"城镇开发边界"的概念与运作策略:国土空间规划体系下的再探讨[J].城市规划,43(11):31-36.

CHEN C,LIU Y,2021. Spatiotemporal changes of ecosystem services value by incorporating planning policies:A case of the Pearl River Delta,China[J]. Ecological Modelling,461:109777.

LAI Z,CHEN C,CHEN J,et al.,2022. Multi-scenario simulation of land-use change and delineation of urban growth boundaries in county area:A case study of Xinxing County, Guangdong Province[J]. Land,11(9):1598.

LIANG X,LIU X,LI X,et al.,2018. Delineating multi-scenario urban growth boundaries with a CA-based FLUS model and morphological method[J]. Landscape and Urban Planning,177:47-63.

LIU X,LIANG X,LI X,et al.,2017. A future land use simulation model (FLUS) for simulating multiple land use scenarios by coupling human and natural effects[J]. Landscape and Urban Planning,168:94-116.

WANG X,YAO Y,REN S,et al.,2022. A coupled FLUS and Markov approach to simulate the spatial pattern of land use in rapidly developing cities[J]. Journal of Geo-information Science,24:100-113.

实验五

基于时空立方体和新兴热点的共享单车骑行时空特征挖掘

 一、实验场景

开展共享单车骑行的时空特征分析对优化共享单车调度、提高共享单车推广使用率等具有重要意义。围绕共享单车出行需求及影响机制,多数研究探讨了土地利用混合度、公共交通、单车设施、道路交通现状等潜在因素的时空作用(Shen et al.,2018;Li et al.,2020;Xu et al.,2019),较少关注共享单车出行自身在不同空间单元的时间模式变化特征(Gao et al.,2022)。在分析方法的选择上,常使用单位时段的折线图、二维空间分布图进行结果特征可视化,相对简单。而时空立方体模型提供了聚合地理空间大数据的有效方法,能根据时空强度对数据进行分类并对结果可视化,已被用于交通事故分析、疾病空间分析等研究中(Gudes et al.,2017;Yoon et al.,2021;Zhao et al.,2019),但在海量GPS数据支撑下的单车出行时空特征分析中仍较少见。因此,本实验将这一新兴方法融入共享单车使用的时空模式研究中,以识别其出行的冷点、热点趋势,为读者提供面向出行时空特征挖掘的科学方法路径。

本实验以该研究为基础,利用共享单车的轨迹数据,结合时空立方体模型与新兴热点分析方法,来识别深圳市共享单车骑行的时空热点模式。通过将骑行距离、持续时间和频率等使用行为特征可视化,探索骑行起点和终点的时空异质性。

 二、实验目标与内容

1. 实验目标与要求

(1)强化对时空立方体和时空热点分析的理解。

(2)熟悉掌握构建时空立方体的方法。

(3)结合实际,培养利用数据进行时空立方体分析和时空热点分析的能力。

2. 实验内容

(1)共享单车时空立方体的构建和分析。

(2)时空热点分析。

三、实验数据与思路

1. 实验数据

本实验数据采用共享单车骑行数据。共享单车数据来自采用网络爬虫技术获取的2018年10月9日深圳市共享单车GPS数据,包括车辆ID号、骑行起始和结束时间、骑行起点和终点经纬度坐标等属性信息。具体数据明细如表5-1所示。

表 5-1 数据明细表

数据名称	类型	描述
data_2018_10_09	CSV	共享单车GPS数据
Shenzhen	SHP	深圳市行政区划数据

2. 实验思路

通过深圳市一天的共享单车骑行数据,以小时为单位,构建深圳市一天的时空立方体,并以此进行时空热点探测,对深圳市一天的共享单车骑行情况进行时空热点分析。

1) 时空立方体模型

时空立方体模型是基于格网,根据时间序列构建,通过将样本点聚合到一个个立方体单元,进而汇总为 NetCDF 的时空数据结构中,如图 5-1 所示。通过创建时空立方体,能对时空数据进行可视化和分析。实验中,每个立方体单元都有一个固定

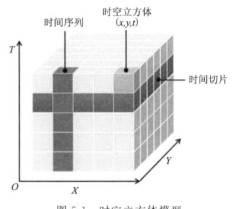

图 5-1 时空立方体模型

的位置(x,y,t),其中(x,y)代表其网格的空间位置,t代表时间。在每个立方体的时空范围内,共享单车的平均起始点或终点数量被计算为该立方体的值。

2) 新兴热点分析

对时空立方体中每个立方格计算其邻域时间步长内立方格的样本值 Getis-Ord G_i^* 统计量。时空立方体的元素 i 计算公式为:

$$G_i^* = \frac{\sum_{j=1}^{n} w_{ij} x_j - \bar{x} \sum_{j=1}^{n} w_{ij}}{s\sqrt{\frac{n\sum_{j=1}^{n} w_{ij}^2 - \left(\sum_{j=1}^{n} w_{ij}\right)^2}{n-1}}} \tag{5-1}$$

$$\bar{x} = \frac{\sum_{j=1}^{n} x_j}{n} \tag{5-2}$$

实验五 基于时空立方体和新兴热点的共享单车骑行时空特征挖掘

$$S = \sqrt{\frac{\sum_{j=1}^{n} x_j^2}{n} - \bar{x}^2} \tag{5-3}$$

式中：x_j 为邻近元素的时空属性值；w_{ij} 为邻近元素之间的时空权重，即 i 和 j 之间的时空权重；n 为相邻元素的总数。当 G_i^* 结果为正且显著时，值越高，预测的自行车使用强度越接近高值（热点）；当 G_i^* 的结果为负值且显著时，值越低，预测的自行车使用强度越接近低值（冷点）。新兴热点分析既能识别不同时空位置的热点和冷点，也能通过使用 Mann-Kendall 趋势测试评估这些热点和冷点趋势，检测随时间变化的模式，如表 5-2 所示。

表 5-2 共享单车使用的时空模式定义

趋势	定义
未发现趋势	不属于以下定义的任何模式
新热（冷）点	该地点目前是但之前从未成为统计意义上的自行车热点（冷点）
连续热（冷）点	该地点现在和过去都是自行车使用的一个持续且具有统计意义的热点（冷点）
正在加强的热（冷）点	此位置已经是 90% 的时间步长间隔（包括最后时间步长）的具有统计显著性的热点（冷点）。此外，每半小时大量集群的强度总体上有所提高，而且在统计意义上显著
持续热（冷）点	这个地点 90% 的自行车使用热点（或冷点）已经具有统计意义，并且没有明显的趋势，表明集群强度会随着时间的推移而变化
正在降低的热（冷）点	在 90% 的时间步长间隔内，该地点已成为统计意义上的自行车使用热点（或冷点）。此外，每个时间步长的聚类强度整体上有所降低
分散的热（冷）点	该地点是自行车使用的间歇性热点（或冷点）
振荡的热（冷）点	该地点目前和前段时间都曾出现过统计意义上的自行车热点（或冷点）
历史热（冷）点	最近一段时间不是自行车使用的热点（或冷点），但至少 90% 的时间步长间隔已经是统计意义上的热点（或冷点）

具体实验流程如图 5-2 所示。

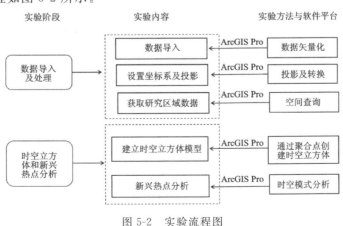

图 5-2 实验流程图

四、实验步骤

1. 将共享单车数据转为矢量数据

在 ArcGIS Pro 中新建地图项目,在内容管理窗口中右键点击地图,选择"添加数据",选择共享单车骑行数据"data_2018_10_09.csv"。

右击导入的表数据,选择"显示 XY 数据",输出要素集设置为"riding_point"。"X 字段"选择"origin_lon","Y 字段"选择"origin_lat",坐标设置为"GCS_WGS_1984"。获得自行车骑行起始点,如图 5-3 所示。同理,将"X 字段"设置为"destination_lon","Y 字段"设置为"destination_lat",则为自行车骑行终点。

2. 设置坐标系和投影

在地理处理管理窗口中,选择工具箱→"数据管理工具"→"投影和变换"→"投影"。以骑行起始点为例,输出要素类设置为"riding_origin",在"选择坐标系"中选择"添加坐标系"→"导入坐标系"。选择深圳市行政区划数据"shenzhen.shp",坐标系设置为"WGS 1984 UTM Zone 49N",如图 5-4 所示。自行车骑行终点同理进行上述操作。

图 5-3 数据导入为矢量数据

图 5-4 设置投影坐标系

3. 获取实验区域内数据

在内容管理器中添加深圳市行政区划数据。由于获取的骑行点数据部分在实验区域外,将获得的骑行起始点或终点数据与深圳市行政区划数据添加在同一地图下。以骑行起始点为例,在工具箱中选择"数据管理工具"→"图层和表视图"→"按位置选择图层"。"输入要素"选择"riding_origin",关系选择"完全在其他要素范围内"。要素选择"shenzhen.shp"。"选择内容类型"中选择"新建选择内容",如图 5-5 所示。在内容管理器中右击"riding_origin"选择

"数据"→"导出要素"。将选中的深圳市内的骑行点数据导出,输出要素类设置为"shenzhen_origin",导出结果如图5-6所示。

图 5-5 按位置选择图层参数设置

图 5-6 导出要素参数设置及结果

在获得的深圳市骑行数据的属性管理窗口中,右击选择"字段",查看字段属性结构。注意"start_time""end_time"属性的数据类型必须为"日期"。若为文本字段,可利用"数据管理工具"→"字段"→"转换时间字段"转换为日期类型字段。

4. 建立时空立方体模型

在"地理处理"中选择"时空模式挖掘工具"→"时空立方体创建"→"通过聚合点创建时空立方体",获得 NetCDF 的时空数据结构。以起始点时空立方体为例,时间字段选择"start_time",时间步长间隔为 30min,渔网间隔为 1km,如图 5-7 所示。

在工具箱中选择"时空立方体可视化"→"在 2D 模式下显示时空立方体",显示主题选择"带有数据的位置",可获得二维下时空立方体的位置。选择"趋势",可得到二维下时空立方体哪些区域是属于增加趋势,哪些区域是下降趋势的可视化图像。二维可视化设置与结果如图 5-8 所示。

图 5-7 创建时空立方体参数设置

图 5-8 时空立方体二维可视化设置与结果

在工具箱中选择"时空立方体可视化"→"在 3D 模式下显示时空立方体",即可获得三维下时空立方体的位置,如图 5-9 所示。

5. 新兴时空热点分析

在工具箱中选择"时空模式挖掘工具"→"时空模式分析"→"新兴时空热点分析",输入以时空立方体为聚合点创建的 NetCDF 时空数据,空间关系选择"固定距离",面分析掩膜为"深圳市行政区划矢量",如图 5-10 所示。图 5-11 即为新兴热点分析结果。

实验五　基于时空立方体和新兴热点的共享单车骑行时空特征挖掘

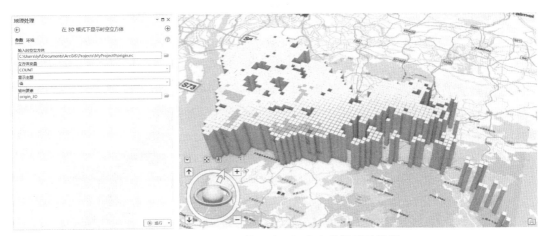

图 5-9　时空立方体三维可视化参数设置及结果

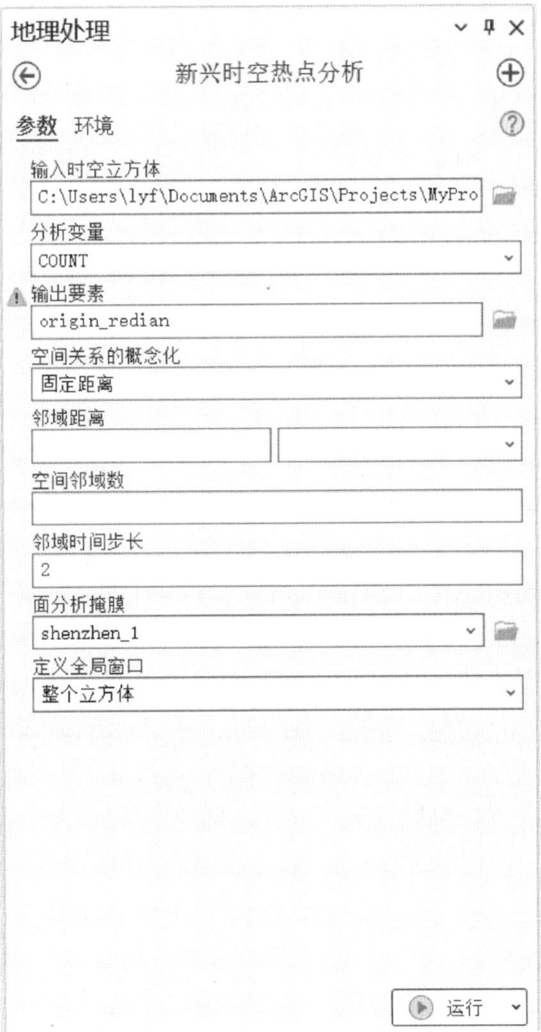

图 5-10　新兴热点时空分析参数设置

· 83 ·

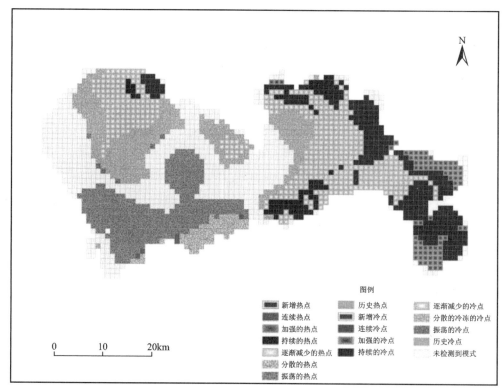

图 5-11　新兴热点分析结果

参 考 文 献

GAO F,LI S Y,TAN Z Z,et al.,2022. Visualizing the spatiotemporal characteristics of dockless bike sharing Usage in Shenzhen,China[J]. Journal of Geovisualization and Spatial Analysis,6(1):12.

GUDES O,2017. Investigating articulated heavy-vehicle crashes in Western Australia using a spatial approach[J]. Accident Analysis and Prevention,106:243-253.

LI W,WANG S,ZHANG X, et al.,2020. Understanding intra-urban human mobility through an exploratory spatiotemporal analysis of bike-sharing trajectories[J]. International Journal of Geographical Information Science,1-24.

SHEN Y,ZHANG X H,ZHAO J H,2018. Understanding the usage of dockless bike sharing in Singapore[J]. International Journal of Sustainable Transportation,12(9):686-700.

XU Y,CHEN D,ZHANG X,et al.,2019. Unravel the landscape and pulses of cycling activities from a dockless bike-sharing system[J]. Computers,Environment and Urban Systems,75:184-203.

YOON J,2021. Spatio-temporal patterns in pedestrian crashes and their determining factors: Application of a space-time cube analysis model[J]. Accident Analysis and Prevention,161(1):106291.

ZHAO Y,GE L,LIU J,et al.,2019. Analyzing hemorrhagic fever with renal syndrome in Hubei Province, China: A space-time cube-based approach[J]. Journal of International Medical Research,47(7):3371-3388.

实验六

共享单车骑行目的地时空特征及影响因素分析

 一、实验场景

共享单车作为一种低碳、便捷、灵活的出行方式,在丰富居民日常出行活动、解决轨道交通和快速公交系统(BRT)站点接驳等"最后一公里"出行问题,以及减少交通堵塞、环境污染等"城市病"中发挥着重要的作用(Shan et al.,2018;Zhang et al.,2018)。与此同时,共享单车也相应地带来乱停乱放、供需时空不匹配、投放量过大占用公共空间等问题。因此,挖掘共享单车出行的时空特征,探测其骑行行为的影响因素,能够为共享单车需求的精准预测、有效投放及调度管理等提供科学的决策依据。

目前,单车骑行目的地的时空特征及其影响因素分析主要集中于:①共享单车及公共自行车使用意愿及满意度研究,主要通过问卷调查对居民主观评价因素进行分析(Kaspi et al.,2017;Guo et al.,2019),缺乏从空间视角对其使用影响的空间因素进行分析。②共享单车骑行时空分布及热点提取(高楹等,2018;Yan et al.,2018),如基于格网的骑行热点分布图绘制(杨永崇等,2018)。③单车骑行的影响机制分析(Cervero et al.,2016;Shen et al.,2018),如根据天气温湿度、降雨和特殊事件,利用泊松回归模型、混合线性模型等探究其对公共自行车使用的时空分布影响(Corcoran et al.,2014);或基于公共自行车使用与建成环境的多元回归关系,探究城市服务设施点密度、基础设施及公共交通条件对单车早晚高峰使用的影响(罗桑扎西等,2018);或综合用地混合度、公共交通和自行车设施及天气等情况,挖掘其使用的影响因素(Parkes et al.,2013)。

本实验将聚焦于共享单车骑行目的地的时空规律分析,利用连续时段的骑行数据,精细探测其骑行目的地分布的影响因子、交互作用及其时间差异,帮助读者深度理解,为相关科学预测提供具体的方法路径。以深圳市共享单车骑行目的地的时空特征与影响因素分析作为应用场景,利用共享单车一天内的 GPS 数据及核密度分析方法,挖掘其骑行目的地的分布特征。同时,引入地理探测器,构建环境影响因子体系,以小时为时间尺度,建立共享单车骑行目的地分布影响因素的探测模型,挖掘其骑行目的地分布的作用因子及深层机制。

二、实验目标与内容

1. 实验目标与要求

(1)强化对核密度分析和地理探测器的理解。
(2)熟练掌握 SuperMap iDesktopX 和地理探测器的使用方法。
(3)结合实际,培养利用数据进行核密度分析和使用地理探测器的能力。

2. 实验内容

(1)共享单车骑行目的地时空特征分析。
(2)共享单车骑行目的地影响因素分析。

三、实验数据与思路

1. 实验数据

本实验数据主要包括共享单车骑行数据和影响因子数据两部分。共享单车数据来自采用网络爬虫技术获取的 2018 年 10 月 9 日深圳市共享单车 GPS 数据,包括经纬度坐标、车辆 ID 号、获取时间等属性信息。影响因子数据源于 POI 数据、道路网络数据、建筑物轮廓及高度数据、地铁站点出口数据、公交站点数据,具体如表 6-1 所示。

表 6-1 环境影响因子一览表

类别		因子
环境影响因子	交通可达因子	距地铁站出口距离
		距普通公交站距离
		路网密度
	土地利用因子	POI 多样性
		建筑高度
		购物设施分布密度
	服务设施因子	餐饮设施分布密度
		住宅设施分布密度
		公司企业分布密度

相关数据如表 6-2 所示。

表 6-2　数据明细表

数据名称	类型	描述
data_2018_10_09	CSV	共享单车骑行数据
shenzhen	SHP	深圳市行政区划数据
shenzhen_line	SHP	深圳市道路数据
建筑矢量	SHP	深圳市建筑轮廓及高度数据
各类 POI	SHP	各类 POI 数据
研究区公交站	SHP	研究区公交站点数据
地铁出入口	SHP	研究区地铁出入口数据
研究区路网	SHP	研究区路网数据

2. 思路与方法

本实验利用爬取的一天共享单车 GPS 数据,通过 SuperMap 平台,采用数据格网化方式将早高峰时段(7—9 时)和晚高峰时段(17—19 时)的共享单车骑行目的地分布数量统计到 1km×1km 格网内,利用核密度分析,对深圳市共享单车骑行目的地时空特征进行分析。通过引入地理探测器,构建环境影响因子,深入探究共享单车骑行影响因素的时间差异规律。整体实验流程如图 6-1 所示。

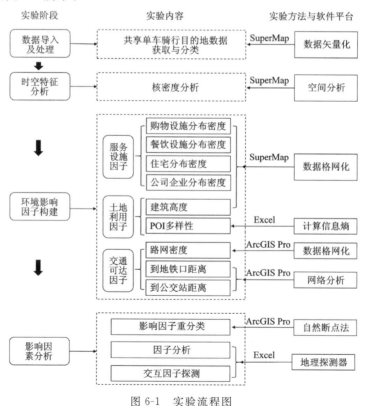

图 6-1　实验流程图

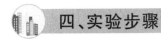四、实验步骤

1. 将获得的共享单车骑行目的地转为矢量,并通过格网化方式将数量统计到格网中,并进行核密度分析

1)将共享单车骑行目的地转为矢量点

在 SuperMap 功能区中选中"开始"→"数据处理"→"数据导入"。在原始数据中选择共享单车数据"data_2018_10_09.csv",在"目标数据源"中创建新的数据源,选择"导入空间数据",X 坐标选择"destination_lon"字段,Y 坐标选择"destination_lat"字段。同时导入深圳市行政区划数据"shenzhen.shp",如图 6-2 所示。

图 6-2 将属性表导入

2)设置坐标系和投影

在导入的点矢量"data_2018_10_09.shp"的属性管理器中,选择"坐标系"→"来自其他数据集"。设置骑行目的地的坐标系。在"来自数据集"中选择深圳市行政区划矢量数据,或者在功能区中选择"开始"→"数据处理"→"投影转换"→"数据集投影转换",对骑行目的地点数据进行投影设置,在目标坐标系中选择"重新设定坐标系",投影坐标系选择"UTM Zone 49",如图 6-3~图 6-5 所示。

空间分析综合实验教程

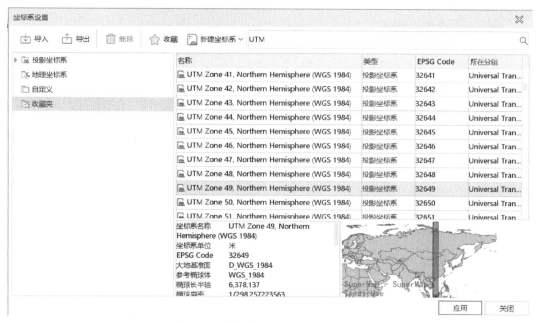

图 6-3　数据集投影转换参数设置

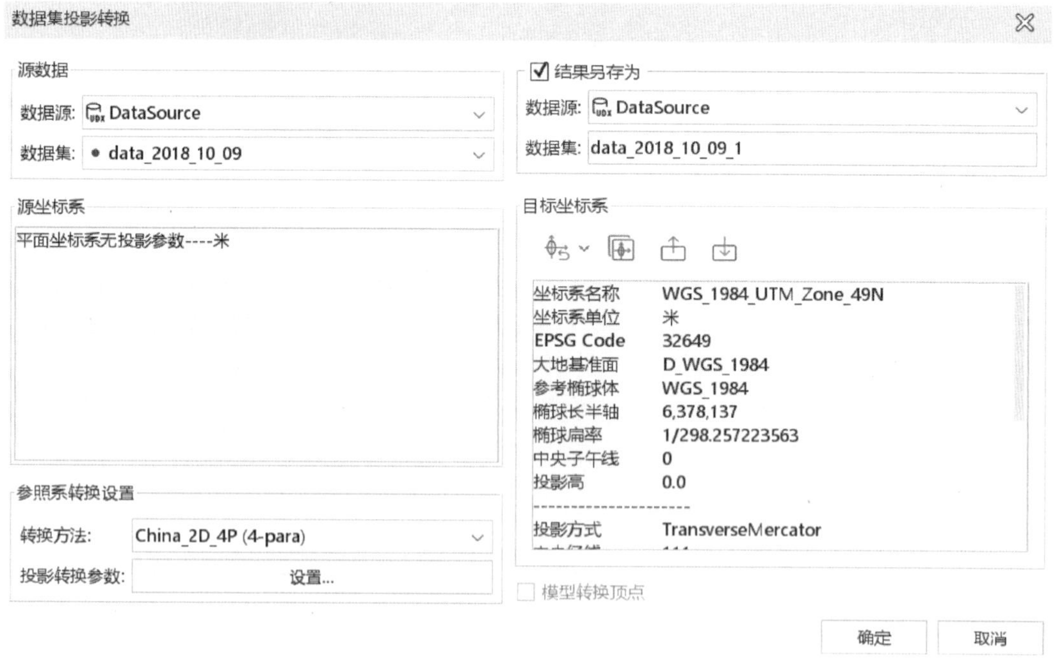

图 6-4　数据集投影转换设置

· 90 ·

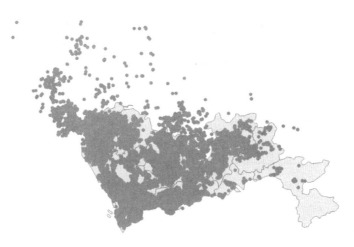

图 6-5　数据导入结果

3）空间查询获取深圳市内共享单车骑行目的地点

在功能区中选择"空间分析"→"查询"→"空间查询"，在"待查询图层"中选择骑行目的地点数据，"查询图层"选择深圳市矢量数据"shenzhen.shp"，"空间查询模式"选择"被包含_面点"，保存查询结果，保存数据集为"骑行目的.shp"，如图 6-6 所示。

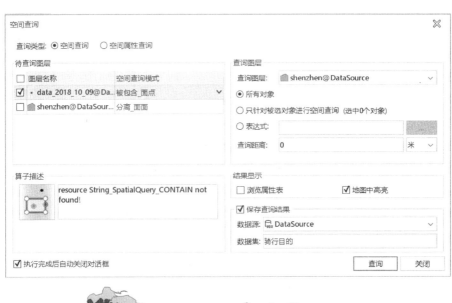

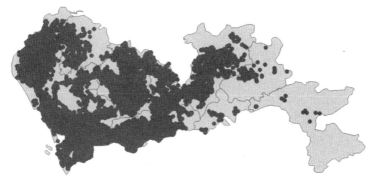

图 6-6　空间查询参数设置及结果

4)建立地图格网,将不同时段共享单车目的地数量统计到格网中

在功能区中选择"数据"→"数据处理"→"地图制图"→"地图格网"。建立 1km×1km 格网,数据集命名为"公里格网",参数设置如图 6-7 所示。

图 6-7 地图格网参数设置

功能区中选择"空间分析"→"SQL 查询",表达式为"riding_hour"等于"7、8""17、18",分别获取早高峰和晚高峰时段骑行目的地点数据,如图 6-8 所示。

图 6-8 SQL 获取骑行高峰时段参数设置

在新获得的早、晚高峰骑行目的地点属性管理器中添加字段"早_数量""晚_数量"。并在属性表利用"更新列",将字段赋值为1,如图6-9所示。

图 6-9　更新列参数设置

在功能区中选择"数据"→"数据处理"→"矢量"→"属性更新","提供属性数据"数据集选择早、晚高峰点数据,目标数据选择格网数据。字段设置选择"早_数量""晚_数量",分别获取早、晚高峰共享单车目的地点在格网中的数量,参数设置如图6-10所示。

5)核密度分析

在功能区中选择"空间分析"→"密度分析"→"核密度分析"。对获取的早高峰、晚高峰共享单车骑行目的地点分别进行核密度分析,如图6-11所示。

图 6-10 属性更新参数设置

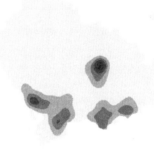

图 6-11 核密度分析参数设置及结果

2. 获取共享单车骑行目的地所在格网的环境影响因子数据

1)服务设施因子统计到格网中

分别在购物设施、餐饮服务、住宅、公司企业四类POI的属性表中新建"数量"字段,并在"更新列"中统一赋值为1,如图6-12所示。

图6-12 对各类POI更新列参数设置

在功能区中选择"数据"→"数据处理"→"矢量"→"属性更新","提供属性数据"分别选取各服务设施因子POI,"目标数据"为格网数据,"空间关系"为"被包含","取值"方式为"求和",字段选取各POI新建的"数量"字段,如图6-13所示。

图 6-13 将各类 POI 在格网中数量更新到格网属性表

2)土地利用因子统计到格网中

(1)计算 POI 多样性,即计算格网内 POI 信息熵。

计算公式(李秀珍等,2004)为

$$\mathrm{SWD} = -\sum_{i=1}^{m}(p_i \times \ln p_i) \tag{6-1}$$

式中:p_i 为第 i 类 POI 在格网中所有 POI 所占的比例。

实验选取购物服务、公司企业、餐饮服务、住宅、医疗保健、金融保险服务、科教文化服务、政府机构及社会团体、生活服务 9 类服务进行信息熵计算。

采用与服务设施因子相同的方法,将除了购物、餐饮、住宅、公司企业四类服务设施因子外的 POI 数量分别统计到格网中。注意利用 SQL 选取公里格网中 POI 数量计算结果为空的数据,并赋值为 0,如图 6-14 所示。

新建"POI 总数"字段,在"更新列"中计算格网内各类 POI 的总数,如图 6-15 所示。

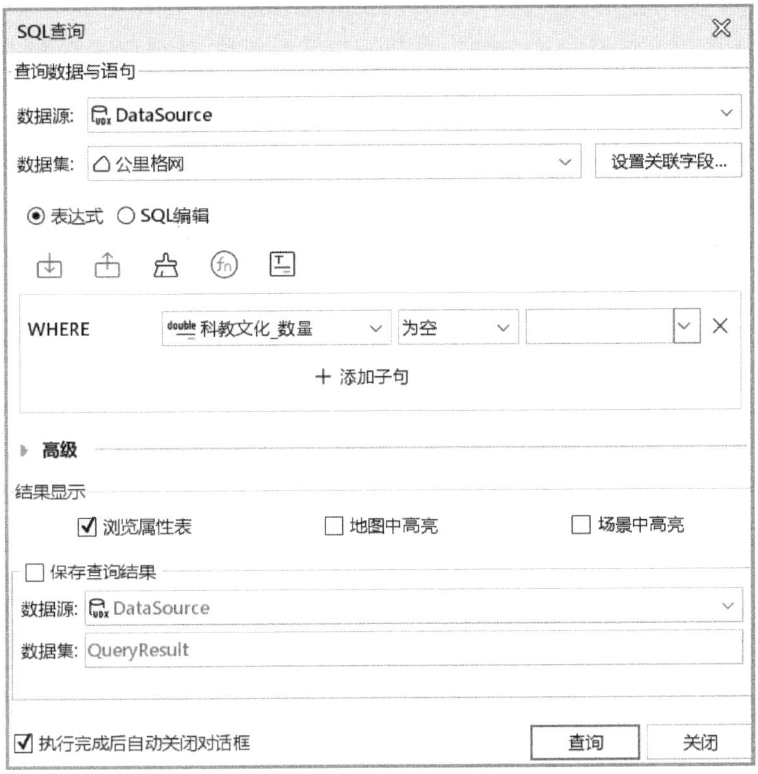

图 6-14　SQL 查询参数设置

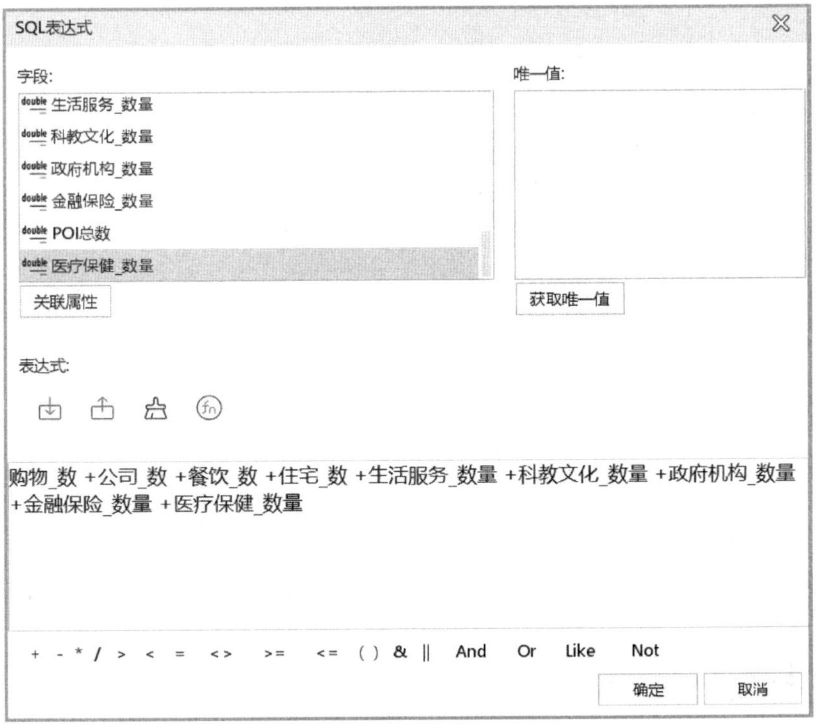

图 6-15　获取 POI 总数参数设置

新建字段"gw_id",利用"更新列"赋值为"SmID",如图 6-16 所示。导出为 csv 文件,在 excel 表上分别为各类 POI 计算信息熵。对 POI 数量为 0 的,信息熵赋值为 0,不为 0 的则按公式 $SWD = -\sum_{i=1}^{m} p_i \times \ln p_i$ 计算。在本实验中,字段"POI_pi"代表 $-(p_i \times \ln p_i)$。

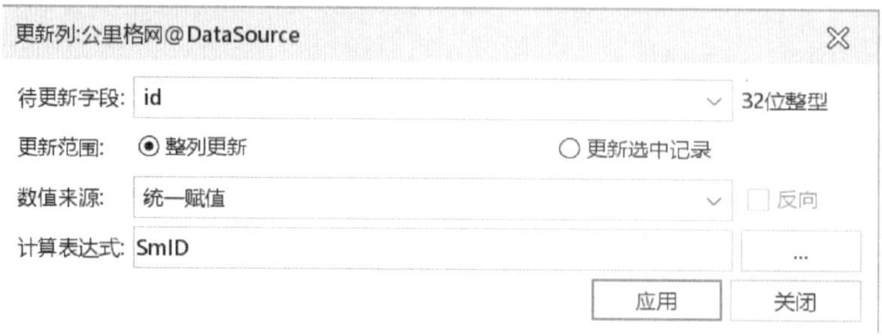

图 6-16　获取格网 id 参数设置

经过计算后,在功能区中选择"开始"→"数据处理"→"数据导入",将计算好的文件导入,如图 6-17 所示。

图 6-17　导入 execl 表参数设置

在功能区中选择"数据"→"数据处理"→"追加列",将计算得到的信息熵统计到对应的格网中,如图 6-18 所示。同时注意更改"信息熵"字段的数据类型为"双精度"。

(2)计算建筑高度。

利用"属性更新",将格网内楼层平均高度统计到格网中,其中"字段设置"选择"Floor"字段,如图 6-19 所示。

图 6-18　POI 信息熵导入格网中　　图 6-19　获取各格网楼层平均高度参数设置

3）利用网络分析计算交通可达因子

（1）计算路网密度。

保存格网数据。在 ArcGIS Pro 中计算路网密度，重新导入公里格网和道路数据，注意定义投影。在工具箱中选择"分析工具"→"叠加分析"→"相交"，如图 6-20 所示。注意输入要素的先后顺序。

图 6-20　相交分析参数设置

· 99 ·

在相交得到的道路数据属性表中添加字段"道路长度",如图 6-21 所示。并通过几何计算道路长度,如图 6-22 所示。

在属性表中选择"汇总",汇总字段为"FID_公里格网",汇总信息为新建字段"道路长度",方式为"总和",如图 6-23 所示。

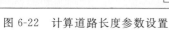

图 6-21 添加字段

图 6-22 计算道路长度参数设置

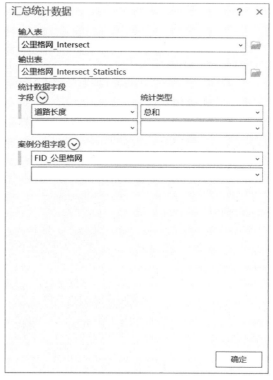

图 6-23 汇总道路参数设置

将格网数据与汇总数据进行连接,以 FID 为公共列进行连接,如图 6-24 所示。

在内容管理器中,右击已经连接字段的要素"公里格网",选择"数据"→"导出要素",重新命名为"公里格网_1",使得新得到的公里格网数据保留每个格网中的道路长度数据。

实验六　共享单车骑行目的地特征及影响因素分析

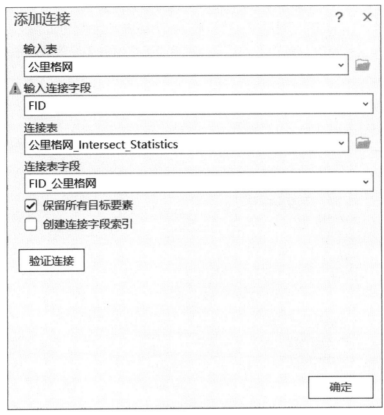

图 6-24　数据连接参数设置

在功能区中选择"表",选择"按属性选择",将"SUM_道路长度"为空的字段筛选出来并统一赋值为 0,如图 6-25 所示。

图 6-25　筛选道路长度为空的格网

在格网数据的属性表中新建字段"面积",通过几何计算获得格网面积。新建字段"道路密度",字段类型为"双精度"。利用字段计算器计算道路密度:格网内道路长度/格网面积,如图 6-26 所示。由于格网为 1km×1km,因此实际获得的格网内部长度即为道路密度。保存获得的格网数据。

图 6-26　道路密度计算参数设置

(2)计算距离公交站、地铁站距离。

在 SuperMap 中重新打开新保存的格网数据,在功能区中选择"空间分析"→"SQL 查询",获取早高峰、晚高峰骑行目的地格网,如图 6-27 所示。

在工具箱中选择"类型转换"→"面数据→点数据",将研究区域格网转为点数据,获得格网中心位置,如图 6-28 所示。

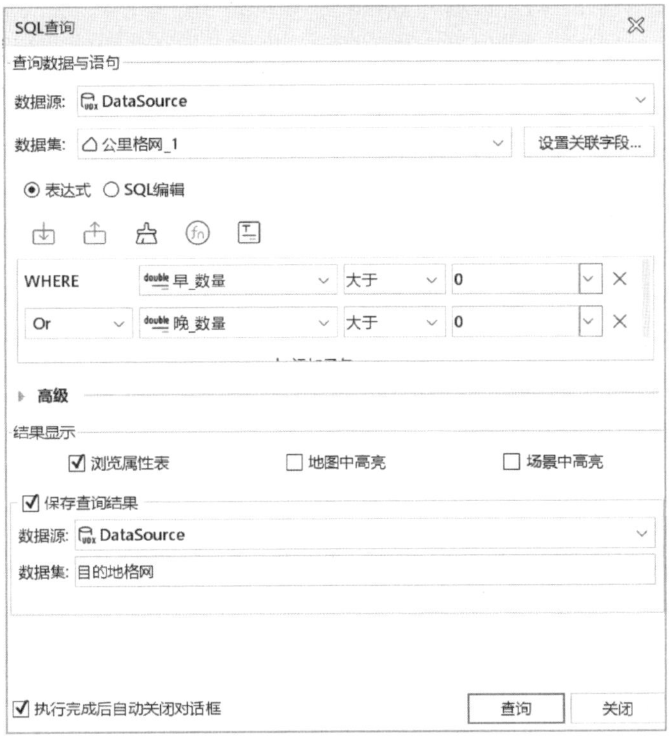

图 6-27　SQL 获取目的地格网

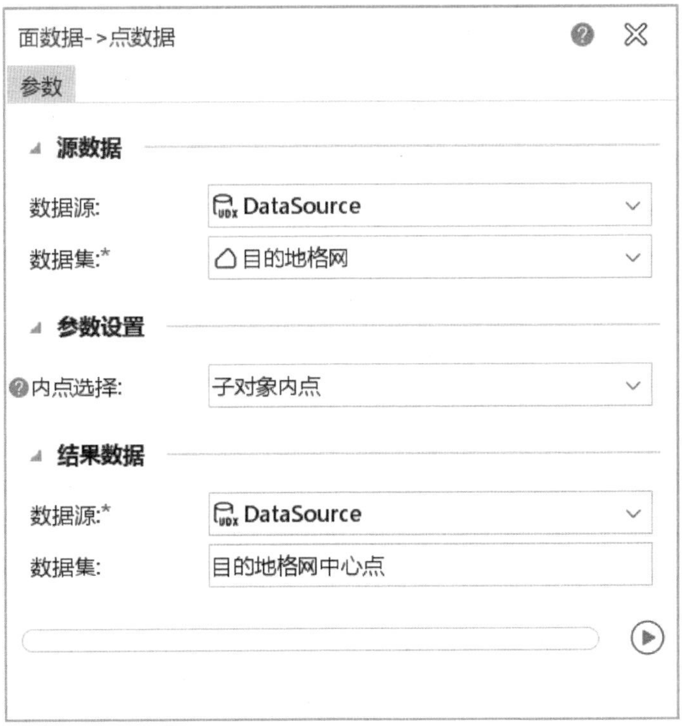

图 6-28　格网转点数据参数设置

根据核密度结果，利用 SQL 选取分布相对集中的南山区、龙华区、福田区、罗湖区作为研究区域，并保存。在功能区中选择"数据"→"数据处理"→"矢量裁剪"，将格网中心点根据研究区域裁剪出来，如图 6-29 所示。

图 6-29　矢量裁剪获取研究区格网中心点

在 ArcGIS Pro 中进行网络分析，计算格网中心点到公交站、地铁站出口的距离。在工具箱中选择"数据管理工具"→"工作空间"→"创建文件地理数据库"，如图 6-30 所示。新建所选研究区域的地理数据库，导入研究区域的公交站数据、地铁出入口数据、格网中心点数据。

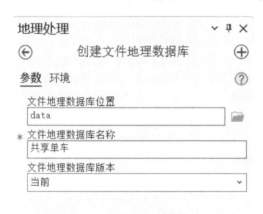

图 6-30　创建文件地理数据库

在目录中选择地理数据库→"新建"→"目标要素数据集"，命名为"路网"，将研究区路网数据导入数据集中；右击新建的数据集，选择"新建"→"网络数据集"，如图 6-31 所示。在目录中，右击新建的网络数据集，选择"构建"。

在工具箱中选择"Network Analyst 工具"→"创建 OD 成本矩阵分析图层",如图 6-32 所示。

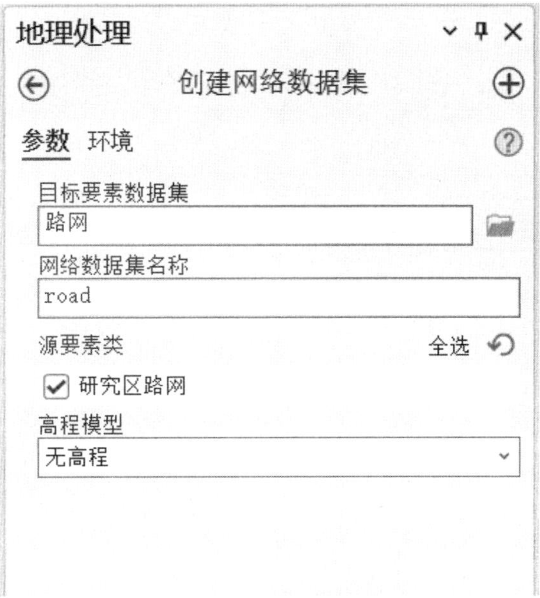

图 6-31　新建网络数据集 　　　　图 6-32　创建 OD 成本矩阵分析图层

在功能区中选择"OD 成本矩阵图层",导入起点加载为"格网中心点",导入目的地点加载为"研究区公交站点",如图 6-33 所示。

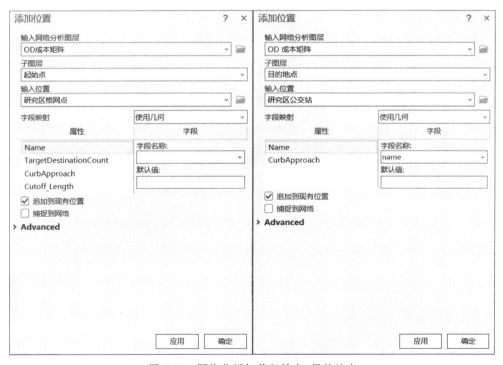

图 6-33　网络分析加载起始点、目的地点

对结果进行求解,导出所得的线数据。在工具箱中选择"数据管理工具"→"栅格综合"→"融合"。"输入要素"为导出的OD数据,融合字段为"OriginID",统计数据字段为"Total_Length",即格网中心点到公交站点距离,统计类型选择"最小值",获得各格网中心点到公交站点的最近距离,如图6-34所示。同理获得到地铁站点的最近距离。

将格网点属性表与融合的结果通过字段进行连接,分别获得距公交站、地铁站点的最短距离。需要注意的是,由于OD成本矩阵中,起始点和目的地点的"ObjectID"都是从"1"开始,对应的是点数据ID(格网中心点数据、公交站点、地铁站点)从"0"开始的数据。因此,在连接前,在融合结果的表数据中新建字段"ID",并统一赋值,如图6-35所示,其中融合结果的表数据中"OriginID"代表的是起始点的"ObjectID"。

图 6-34　融合 OD 获取最短距离

图 6-35　数据表连接参数获取公交站点最短距离设置

通过 SQL 查找公交站、地铁站距离无法计算的点,并进行删除。

3. 通过地理探测器对骑行目的地分布因子进行探测

在所得格网点属性表中,只保留环境影响因子。

1) 对各因子进行重分类

在 ArcGIS Pro 的工具箱中选择"数据管理工具"→"字段"→"重分类字段"。对各因子数据进行重分类,利用自然断点法将各因子数据分为 5 类,如图 6-36 所示,注意将各类因子字段名称更改为英文,其中早高峰、晚高峰数量分别更改为"y1"和"y2"。在工具箱中选择"转换工具"→"Execl"→"表转 Execl",将结果导出为属性表,如图 6-37 所示。

图 6-36 重分类字段

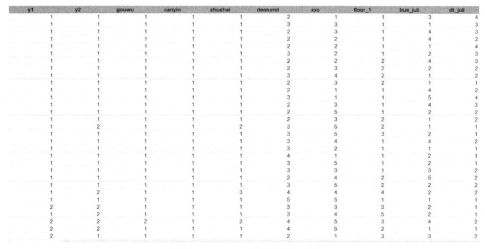

图 6-37 Execl 表分类结果

2)因子分析

将所得分类结果复制到地理探测器的 Execl 表中,如图 6-38 所示,分别对早高峰、晚高峰进行因子分析。

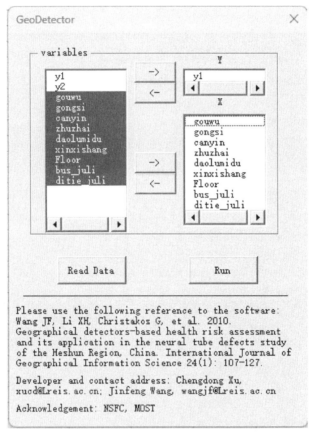

图 6-38 地理探测器参数设置

经过分析,"Factor_detector"属性表所得即为环境因子对共享单车骑行目的地影响力结果,其中 q 值越大,表明该因子的影响力越大,如表 6-3 所示。"Interaction_detector"属性表为各影响因子交互探测结果,如表 6-4 所示。

表 6-3 影响因子探测结果

影响因子		q 值
交通可达因子	距地铁站出口距离	0.03
	距普通公交站距离	0.12
	路网密度	0.33
土地利用因子	POI 多样性	0.10
	建筑高度	0.28

续表 6-3

影响因子		q 值
服务设施因子	购物设施分布密度	0.31
	餐饮设施分布密度	0.40
	住宅设施分布密度	0.38
	公司企业分布密度	0.24

表 6-4　早高峰各影响因子交互探测结果

交互因子	交互影响力	交互因子	交互影响力
购物∩公司企业	0.400	购物∩住宅	0.423
购物∩餐饮	0.440	购物∩路网密度	0.546
购物∩POI 多样性	0.367	购物∩建筑高度	0.483
购物∩公交距离	0.403	购物∩地铁距离	0.374
公司企业∩住宅	0.449	公司企业∩路网密度	0.520
公司企业∩POI 多样性	0.280	公司企业∩建筑高度	0.482
公司企业∩公交距离	0.317	公司企业∩地铁距离	0.319
餐饮∩住宅	0.468	餐饮∩路网密度	0.591
餐饮∩POI 多样性	0.437	餐饮∩建筑高度	0.525
餐饮∩公交距离	0.486	餐饮∩地铁距离	0.459
住宅∩路网密度	0.598	住宅∩POI 多样性	0.389
住宅∩建筑高度	0.515	住宅∩公交距离	0.453
住宅∩地铁距离	0.449	路网密度∩POI 多样性	0.386
路网密度∩建筑高度	0.439	路网密度∩公交距离	0.402
路网密度∩地铁距离	0.356	POI 多样性∩建筑高度	0.373
POI 多样性∩公交距离	0.181	POI 多样性∩地铁距离	0.127
建筑高度∩公交距离	0.404	建筑高度∩地铁距离	0.333
公交距离∩地铁距离	0.160		

参 考 文 献

高枫,李少英,吴志峰,等,2019.广州市主城区共享单车骑行目的地时空特征与影响因素[J].地理研究,38(12):2859-2872.

高楹,宋辞,舒华,等,2018.北京市摩拜共享单车源汇时空特征分析及空间调度[J].地球信息科学学报,20(8):1123-1138.

李秀珍,布仁仓,常禹,等,2004.景观格局指标对不同景观格局的反应[J].生态学报(1):123-134.

罗桑扎西,甄峰,尹秋怡,2018.城市公共自行车使用与建成环境的关系研究:以南京市桥北片区为例[J].地理科学,38(3):332-341.

杨永崇,柳莹,李梁,2018.利用共享单车大数据的城市骑行热点范围提取[J].测绘通报(8):68-73.

CERVERO R,LSARMIENTO O,JACOBY E,et al.,2016.Influences of built environments on walking and cycling:Lessons from Bogotá[J].Urban Transport of China,3(4):203-226.

CORCORAN J,LI T,ROHDE D,et al.,2014.Spatio-temporal patterns of a Public Bicycle Sharing Program:The effect of weather and calendar events[J].Journal of Transport Geography,41:292-305.

GUO Y,ZHOU J,WU Y,et al.,2017.Identifying the factors affecting bike-sharing usage and degree of satisfaction in Ningbo,China[J].Plos One,12(9):e185100.

KASPI M,RAVIV T,TZUR M,2017.Bike-sharing systems:User dissatisfaction in the presence of unusable bicycles[J].A I I E Transactions,49(2):144-158.

PARKES S D,MARSDEN G,SHAHEEN S A,et al.,2013.Understanding the diffusion of public bikesharing systems:evidence from Europe and North America[J].Journal of Transport Geography,31:94-100.

SHAN C,RUI S,HE S,et al.,2018.Innovative bike-sharing in China:Solving faulty bike-sharing recycling problem[J].Journal of Advanced Transportation(1):1-10.

SHEN Y,ZHANG X,ZHAO J,2018.Understanding the usage of dockless bike sharing in Singapore[J].International Journal of Sustainable Transportation,12(9):686-700.

YAN Y,TAO Y,JIN X,et al.,2018.Visual analytics of bike-sharing data based on tensor factorization[J].Journal of Visualization,21(4):1-15.

ZHANG Y,LIN D,MI Z,2018.Electric fence planning for dockless bike-sharing services[J].Journal of Cleaner Production,206:383-393.

实验七
基于重力模型和贝叶斯算法的共享单车出行目的推断

一、实验场景

共享单车作为一种低成本、低排放的公共交通出行方式,其出现对解决城市"最后一公里"出行、推动居民选择绿色低碳出行、提高城市居民身体素质等方面具有重要意义,深刻影响着居民的出行行为与生活方式。当前,基于共享单车出行数据的研究侧重于其在不同交通方式中的衔接作用,忽视使用者在通勤、娱乐、上学等方面的出行活动推断(Li et al., 2021),即缺乏对共享单车出行目的的有效识别,难以精准揭示居民出行行为、模式与城市结构的关系。尽管存在基于个体行程的调查研究,但这种方式获取的数据集具有成本高、样本量少、数据质量差等缺点(Bricka et al., 2006; Li et al., 2020a; Zhou et al., 2020),无法持续跟踪个体在连续时间内的出行目的(Bachir et al., 2019)。而海量的共享单车 GPS 数据为相关研究提供契机,但更多用于共享单车使用特征、出行模式和影响机制的探讨(Ogilvie et al., 2012; Rixey et al., 2013; Corcoran et al., 2014; Yang et al., 2019),缺少对出行目的信息的有效挖掘。

少数学者开始关注该领域研究,融合兴趣点(Point of Interests, POI)数据开展相应的出行目的推断工作(Xie et al., 2018)。由于缺乏对出行活动目的的精细划分,识别的结果相对粗糙,且忽视了 POI 的服务能力、时间吸引力等因素,推断结果的精度仍待提高。因此,本实验将综合考虑多方因素,融合多源时空大数据,开展共享单车出行目的的精细推断指引工作,以期为读者们提供单车出行行为解析与城市人群流动特征研究的科学方法参考。

本实验利用基于引力模型和贝叶斯算法的共享单车出行目的推断研究框架(Li et al., 2021),开展共享单车出行目的推断。该框架除了考虑时间、距离与建成环境因素外,还考虑了已有相关研究中通常忽视的出行活动类型比例和 POI 服务容量因素,据此构建基础模型与两个改进模型。该框架与模型方法已被应用于深圳市,并利用居民出行调查数据进行验证,为单车设施规划与共享单车调度管理提供决策参考。为了便于读者理解与实践,本实验侧重于介绍基于部分实验数据(深圳市盐田区)构建基础模型与两个改进模型的过程,相关验证步骤将被省略。

二、实验目标与内容

1. 实验目标与要求

(1)强化对共享单车出行目的推断框架的理解。

(2)熟练掌握如何构建共享单车出行目的推断框架。

(3)结合实际,培养利用共享单车出行目的推断框架对共享单车出行目的推断的能力。

2. 实验内容

构建共享单车出行目的推断框架。

 ## 三、实验数据与思路

1. 实验数据

本实验需要用到共享单车数据集和POI数据集。

共享单车数据集由摩拜单车、OfO、Bluegogo等多家自行车运营商提供。每条单车骑行数据均包含单车ID、每次骑行起止点的GPS坐标及对应的时间戳,并根据骑行开始时间按每天每小时进行分类。在本实验中,短于100m或长于3000m的单车骑行记录被视为异常数据,并将其从数据集中删除。

POI数据集是从互联网数字地图收集的。POI包括属性ID、名称、经度、纬度和类别。考虑到共享单车的短途出行特性,剔除部分相关性较低的POI类别,并将POI分为九大类,分别对应9类出行目的,即回家、工作、换乘、餐饮、购物、娱乐、教育、生活服务、医疗,具体见表7-1。相关数据如表7-2所示。

表7-1 骑行目的与POI映射关系及服务能力指标一览表

骑行目的(活动类型)	主要POI类别	服务能力指标
回家	住宅	0.60
	建筑物	0.46
工作	媒体机构;保险公司、金融公司、证券公司;金融保险服务机构	0.59
	大型企业、一般公司、政府、社会组织、工商税务机关	0.47
	工业园区	0.43
	厂	0.21

续表 7-1

骑行目的(活动类型)	主要 POI 类别	服务能力指标
换乘	地铁站、地铁站出入口	2.00
换乘	火车站、长途汽车站	0.81
换乘	汽车站、其他交通相关场所、港口和码头	0.30
餐饮	中餐厅;外国餐厅	0.43
餐饮	甜品、冷饮、糕点、其他餐饮相关场所	0.18
购物	购物中心、商业街、综合市场	0.77
购物	建材市场	0.56
购物	电子商店;花卉、鸟类、鱼类和昆虫市场	0.47
购物	超市;便利店、服装鞋帽、皮具店;个人用品、化妆品店;专卖店;文化商店;体育用品商店	0.30
娱乐	公园、广场	0.82
娱乐	展厅、展览中心	0.92
娱乐	运动休闲服务场所	0.81
娱乐	娱乐场所	0.73
娱乐	景区	0.59
娱乐	美术馆、艺术团体、剧院;科技馆;天文馆;休闲场所;沐浴和按摩场所	0.44
娱乐	博物馆、档案馆、文化宫	0.39
娱乐	茶馆、咖啡厅	0.18
教育	大学	1.00
教育	图书馆	0.97
教育	小学、初中、高中、幼儿园	0.43
教育	培训机构	0.29
教育	科教场所	0.24
生活服务	电气通信、电力、水务营业厅;营业厅、邮局	0.47
生活服务	物流快递	0.33
生活服务	自动取款机、银行、婴儿服务;摄影和印刷店;洗衣店;旅行社、美容院	0.23
医疗	综合医院、专科医院、急救中心	0.65
医疗	疾病预防机构;医疗卫生服务场所、诊所;健康与护理商店	0.31

表 7-2　数据明细表

数据名称	类型	描述
盐田	SHP	盐田区行政区划数据
bikedata	CSV	共享单车骑行数据
POI	SHP	盐田区 POI 数据

2. 实验思路与方法

本实验通过共享单车的出行特性,建立出行目的(回家、工作、换乘、餐饮、购物、娱乐、教育、生活服务、医疗)与各种主要 POI 类别的映射关系(表 7-1)。根据共享单车行程数据提取每次行程的下车点,在每个点周围建立目的地区域,识别候选 POI。同时,引入基本模型和改进重力模型,通过考虑距离、时间、环境、活动类型比例和 POI 服务能力,计算每个候选 POI 在每个目的地点区域的吸引力。最终将重力模型与贝叶斯规则结合,推断无桩共享单车出行目的。其中,根据相关研究(Gong et al.,2016)提出的方法,将 200m 设置为最大步行半径,来确定自行车使用者下车点的目的地区域。

1)模型 I(考虑距离、时间和环境的基本模型)

重力模型最早由 Casey(1955)提出,用来表征某个地方或地区的相关性。计算公式为

$$G(D,P) = \frac{M_D M_P}{d(D,P)^2} \times \alpha \tag{7-1}$$

式中:D 为每次自行车出行的下车点;P 为 D 目的地区域候选 POI;$G(D,P)$ 反映 D 与 P 之间的相关性;M_D 设置为 1,M_P 反映 P 的吸引力;α 为常见的影响因素。考虑到人们日常生活和骑行规则的影响,骑行活动随着一天中不同时间而变化。例如,周末晚上,人们很少选择去上班。此外,不同设施的营业时间也可能有所不同。例如,医院一般全天 24 小时开放,而物流快递、银行和其他服务仅在白天开放。因此,引入时间权重 $W(t_{P.\text{category}})$ 代替 α。时间权重是根据活动的时间分布设定,可以根据生活经验或调查获得(Gong et al.,2016)。同时引入环境因子来改进重力模型。M_P 可能会受到目的地区域环境的影响。环境因素可以通过 POI 类别的数量来表征(Furletti et al.,2013)。目标区域中映射到与 P 相同的活动类别的 POI 越多,P 的吸引力就越大。因此模型 I 可由以下公式表示:

$$G(D,P,t) = \frac{\text{number}(\text{POI.category} = P.\text{category})}{d(D,P)^2} \times W(t_{P.\text{category}})$$

$$P \in D.\text{POI List and POI} \in D.\text{POI List} \tag{7-2}$$

式中:$G(D,P,t)$ 代表候选 POI P 在时间段 t 内对自行车下车点 D 的吸引力大小。$d(D,P)^2$ 由 D 和 P 之间的欧几里得距离的平方表示。$\text{number}(\text{POI.category}=P.\text{category})$ 为目标区域中映射到与 P 相同的活动类别的 POI 数量。

2)模型 II(考虑距离、时间、环境和活动类别比例的改进模型)

尽管模型 I 使用候选区域内 POI 类别的绝对数量作为环境因素,但未考虑整个研究区域内 POI 类别数量的差异。然而,研究发现 POI 所反映的旅行活动类别的数量存在显著差异。例如,映射到"工作"活动的 POI 比例为 45.33%,而映射到"家庭"活动的 POI 比例为 4.87%。

因此,在模型Ⅱ中,通过考虑各种骑行活动 POI 类别的差异,引入骑行活动的数量密度和类型比例概念(Chi et al.,2016)。修改的目的是优化环境因子 M_P。某类骑行活动的数量密度 $\rho(\text{activity}_i)$ 和该活动的类型比例 $C(\text{activity}_i)$ 公式为

$$\rho(\text{activity}_i) = \frac{\text{number}(\text{activity}_i)}{\text{sum}(\text{activity}_i)} \times 100\% \tag{7-3}$$

$$C(\text{activity}_i) = \frac{\rho(\text{activity}_i)}{\sum_{i=1}^{9} \rho(\text{activity}_i)} \times 100\% \tag{7-4}$$

式中:$\text{number}(\text{activity}_i)$ 为映射到目标区域中活动类型 i 的候选 POI 的数量;$\text{sum}(\text{activity}_i)$ 为映射到整个研究区域中活动类型 i 的 POI 总数。数量密度 $\rho(\text{activity}_i)$ 进一步归一化获得类型比例 $C(\text{activity}_i)$。因此,模型Ⅱ的计算公式为

$$G(D,P,t) = \frac{C(\text{activity}_i = P.\text{activity})}{d(D,P)^2} \times W(t_{P.\text{category}})$$

$$P \in D.\text{POI List} \tag{7-5}$$

3)模型Ⅲ(考虑距离、时间、环境、活动类型比例和 POI 服务能力的改进重力模型)

不同 POI 类型所表示的实体之间存在显著差异,包括面积、比例和其他单个属性。例如,大学 POI 的服务容量远大于其他学校 POI,如小学、初中或幼儿园。另一个典型的例子是,地铁站 POI 的容量远远大于其他与交通相关的车站 POI。仅考虑 POI 的数量而忽略其容量会影响推断的自行车旅行目的的准确性。由于用户基数较大,TUD(Tencent User Density)可以精细化地反映人口的空间分布和不同设施的活力。因此,使用 AOI(Area Of Interest)和 TUD 数据来计算每种 POI 的服务容量,并将该指标纳入模型Ⅲ。服务容量的具体计算步骤如下:

(1)AOI 和 POI 的分类虽然相似,但两者之间仍存在一些细微的差异。对于地铁站和公交车站等换乘站,由于它们在地图中通常用 POI 表示,AOI 数据不包括这些类别。因此,在站台周围创建一个半径 50m 的缓冲区作为 AOI 数据。

(2)计算每个 AOI 中工作日和周末的平均 TUD 值,并进一步计算每种类型的 AOI 的平均 TUD 值,该值对应于同一类型的 POI。用 $\text{SC}_{P.\text{type}}$ 代表 AOI 的平均 TUD 值,反映相应类型 POI 的访问频率。

(3)$\text{SC}_{P.\text{type}'}$ 用式(7-6)进一步归一化,得到 POI 的服务容量 $\text{SC}_{P.\text{type}}$。

$$\text{SC}_{P.\text{type}} = \frac{\text{SC}'_{P.\text{type}} - \min(\text{SC}'_{P.\text{type}})}{\max(\text{SC}'_{P.\text{type}}) - \min(\text{SC}'_{P.\text{type}})} \tag{7-6}$$

需要注意的是,由于难以在地下站点获取手机信号和社交媒体数据,因此 TUD 不能很好地反映地铁客流。根据深圳市大学生人数以及日均地铁客流量和地铁站数,估计地铁站的平均相对服务能力约为大学生数量的 2 倍。基于此,对 POI 的服务容量 $\text{SC}_{P.\text{type}}$ 进行了优化。此外,$\text{SC}_{P.\text{type}}$ 被认为是 M_P 的另一个影响因素。因此模型Ⅲ的计算公式如下:

$$G(D,P,t) = \frac{\text{SC}_{P.\text{type}} C(\text{activity}_i = P.\text{activity})}{d(D,P)^2} \times W(T_{P.\text{category}})$$

$$P \in D.\text{POI List} \tag{7-7}$$

4)贝叶斯规则

进一步采用贝叶斯规则来计算每个候选 POI 的访问概率,从而推断出共享单车的骑行目的地。候选 POI P_i 的访问概率计算公式为(Gong et al.,2016;Zhao et al.,2017)

$$\Pr(P_i \mid D,t) = \frac{\Pr(D \mid P_i,t) \times \Pr(P_i \mid t) \times \Pr(t)}{\Pr(D,t)} \quad (7\text{-}8)$$

式中:$\Pr(D|P_i,t)$ 表示如果自行车使用者决定在 t 时间访问 P_i,则他在 D 点下车的概率。在给定候选 POI P 的情况下,通常假设下车地点和时间是有条件独立的。因此,$\Pr(D|P_i,t) = \Pr(D|P_i)$。$\Pr(P_i|t)$ 为自行车使用者在时间 t 访问 P_i 的概率。在前面,我们通过考虑距离、时间和其他因素采用改进的重力模型 $G(D,P_i,t)$ 来计算候选 POI P_i 的吸引力。因此,可以使用 $G(D,P_i,t)$ 来估计 $\Pr(D|P_i,t) \times \Pr(P_i|t)$,计算公式为

$$\Pr(D \mid P_i) \times \Pr(P_i \mid t) \propto G(D,P_i,t) \quad (7\text{-}9)$$

因此,对于下车点 D 和候选 POI $P = (P_1, P_2, \cdots, P_n)$,自行车用户访问候选 POI P_i 的概率计算公式为

$$\Pr(P_i \mid D,t) = \frac{G(D,P_i,t)}{\sum_{j=1}^{n} G(D,P_i,t)} \quad (7\text{-}10)$$

最后由式(7-10)计算共享单车用户访问每个候选 POI 的概率,根据主要 POI 与活动类型的映射关系,使用概率最大的 POI 作为所推断的出行活动目的地。

具体实验流程如图 7-1 所示。

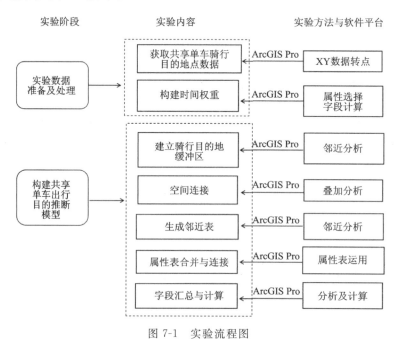

图 7-1 实验流程图

四、实验步骤

本实验以深圳市盐田区为例,利用深圳市共享单车骑行数据和POI数据,分别建立3种共享单车出行目的推断模型,并进一步探讨共享单车出行的时空格局。具体实验步骤如下。

1. 获取共享单车骑行点数据

在 ArcGIS Pro 中分别导入共享单车各日骑行数据。以2018年10月8日为例,导入"bikedata.csv"。字段中"D_lat"和"D_lon"分别代表骑行目的地点的纬度和经度坐标。在内容管理窗口右键点击导入的数据,选择"显示 XY 数据"。输出要素设置为"qixing_10_08.shp"。X 字段设置为"D_lon",Y 字段设置为"D_lat"(图 7-2)。获得共享单车骑行目的地点数据。

图 7-2 "显示 XY 数据"参数设置

导入深圳市盐田区行政区划数据。在工具箱中选择"数据管理工具"→"投影和变换"→"投影"。在输出坐标系中,导入行政区划数据坐标系,选择"WGS_1984_UTM_Zone_49N"(图 7-3)。

在功能区中选择"地图"→"选择"→"按位置选择"。输入要素选择"盐田.shp","关系"选择"完全在其他要素范围内"。选择完成后,在内容管理器中右击骑行数据,选择"数据"→"导出要素",获取盐田区内共享单车骑行目的地点数据(图 7-4)。

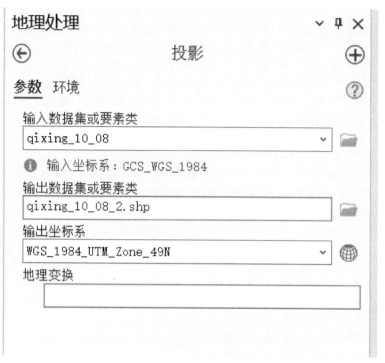

图 7-3 投影参数设置

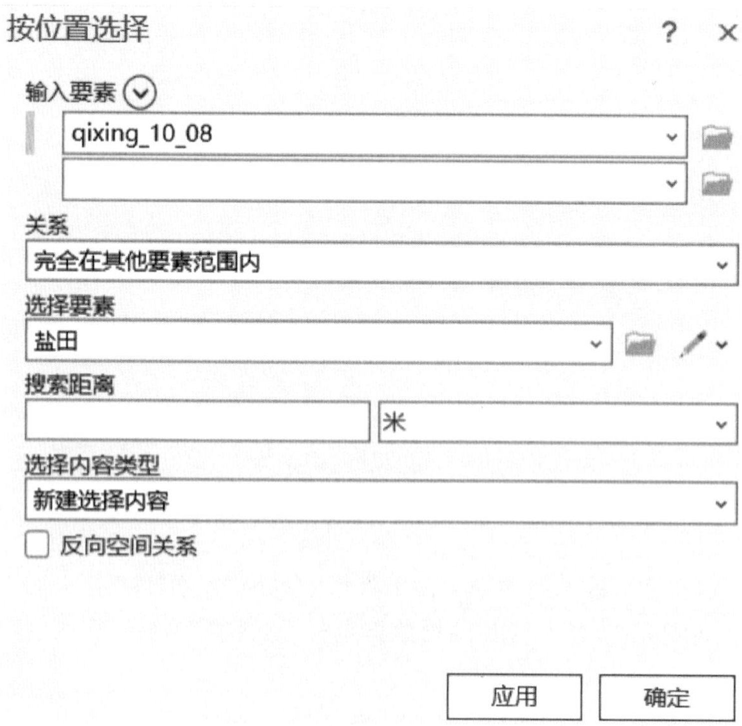

图 7-4 按位置选择参数设置

对数据进行筛选,考虑到实际使用情况,将那些短于 100m 或长于 3000m 的自行车骑行数据进行删除。在功能区选择"地图"→"选择"→"按属性选择"。将筛选得到的数据删除。注意在功能区中选择"编辑"→"管理编辑内容"→"保存",保存所编辑内容(图 7-5)。

图 7-5 属性筛选参数设置

2. 构建时间权重

时间权重一般是根据活动的时间分布设定,本实验时间权重是根据相关研究结果设定(Gong et al.,2016;Zhao et al.,2017;Furletti et al.,2013)。打开属性表,根据骑行目的活动类型分类新建时间权重字段并保存结果,如图 7-6 所示。

可见	只读	字段名	别名	数据类型	允许空值	高亮显示	数字格式	默认	精度	比例	长度
✓	☐	D_hour	D_hour	长整型	☐	☐	数值		10	0	
✓	☐	gohome		双精度	☐	☐					
✓	☐	gowork		双精度	☐	☐					
✓	☐	transfer		双精度	☐	☐					
✓	☐	godining		双精度	☐	☐					
✓	☐	goshopping		双精度	☐	☐					
✓	☐	recreation		双精度	☐	☐					
✓	☐	education		双精度	☐	☐					
✓	☐	lifeserive		双精度	☐	☐					
✓	☐	gohospital		双精度	☐	☐					

图 7-6 新建时间权重字段设置

利用"地图"→"选择"→"按属性选择",根据骑行到达的时间(字段"D_hour"),对时间权重分别赋值,如表7-3和7-4所示。

表7-3 工作日时间权重

时间	0	1	2	3	4	5	6	7	8	9	10	11
回家	0.75	0.75	0.75	0.75	0.75	0.75	0.1	0.1	0.1	0.1	0.1	0.5
工作	0	0	0	0	0	0	0.25	1	1	0.75	0.75	0.25
换乘	0	0	0	0	0	0	1	1	1	1	1	1
餐饮	0.25	0.25	0.25	0.25	0.25	0.25	0.25	0.5	0.5	0.25	0.25	1
购物	0	0	0	0	0	0	0.25	0.25	0.25	0.25	0.25	0.5
娱乐	0.5	0.5	0.5	0.5	0.5	0.5	0.5	0.25	0.25	0.25	0.25	0.5
教育	0	0	0	0	0	0	0.25	1	1	0.5	0.5	0.25
生活服务	0	0	0	0	0	0	0.25	0.25	0.25	0.5	0.5	0.5
医疗	0.25	0.25	0.25	0.25	0.25	0.25	0.5	0.5	0.5	0.5	0.5	0.25
时间	12	13	14	15	16	17	18	19	20	21	22	23
回家	0.5	0.25	0.25	0.25	0.25	0.75	0.75	0.75	0.75	1	1	1
工作	0.25	0.75	0.25	0.25	0.25	0.1	0.1	0.1	0.1	0.25	0.25	0.25
换乘	1	1	1	1	1	1	1	1	1	0.75	0.75	0
餐饮	1	0.5	0.25	0	0	0.75	0.75	0.5	0.5	0.25	0.25	0.25
购物	0.5	0.5	0.25	0.25	0.25	0.5	0.5	0.75	0.75	0.75	0.75	0.25
娱乐	0.5	0.5	0.25	0.25	0.25	0.75	0.75	0.75	0.75	0.75	0.75	0.75
教育	0.25	0.75	0.5	0.25	0.25	0.25	0.25	0.25	0.25	0	0	0
生活服务	0.5	0.5	0.5	0.5	0.5	0.25	0.25	0.25	0.25	0	0	0
医疗	0.25	0.5	0.5	0.5	0.5	0.5	0.5	0.5	0.5	0.25	0.25	0.25

表7-4 休息日时间权重

时间	0	1	2	3	4	5	6	7	8	9	10	11
回家	0.75	0.75	0.75	0.75	0.75	0.75	0.1	0.1	0.1	0.5	0.5	0.5
工作	0	0	0	0	0	0	0.25	0.5	0.5	0.25	0.25	0.25
换乘	0	0	0	0	0	0	1	1	1	1	1	1
餐饮	0.25	0.25	0.25	0.25	0.25	0.25	0.25	0.75	0.75	0.25	0.25	1
购物	0	0	0	0	0	0	0.25	0.25	0.25	0.75	0.75	0.75
娱乐	0.75	0.75	0.75	0.75	0.75	0.75	0.75	0.5	0.5	0.75	0.75	0.75
教育	0	0	0	0	0	0	0.25	0.25	0.25	0.25	0.25	0.25

续表 7-4

时间	0	1	2	3	4	5	6	7	8	9	10	11
生活服务	0	0	0	0	0	0	0.25	0.5	0.5	0.5	0.5	0.5
医疗	0.25	0.25	0.25	0.25	0.25	0.25	0.25	0.5	0.5	0.5	0.5	0.25
时间	12	13	14	15	16	17	18	19	20	21	22	23
回家	0.5	0.5	0.5	0.5	0.5	0.75	0.75	0.75	0.75	1	1	1
工作	0.25	0.25	0.25	0.25	0.25	0.1	0.1	0.1	0.1	0.25	0.25	0
换乘	1	1	1	1	1	1	1	1	1	0.75	0.75	0
餐饮	1	0.5	0.5	0.25	0.25	1	1	0.75	0.75	0.25	0.25	0.25
购物	0.75	0.75	0.75	0.75	0.75	0.75	0.75	0.75	0.75	0.75	0.75	0.75
娱乐	0.75	0.75	0.75	0.75	0.75	0.75	0.75	0.75	0.75	0.75	0.75	0.75
教育	0.25	0.25	0.25	0.25	0.25	0.25	0.25	0.25	0.25	0	0	0
生活服务	0.5	0.5	0.5	0.5	0.25	0.25	0.25	0.25	0.25	0	0	0
医疗	0.25	0.5	0.5	0.5	0.5	0.5	0.5	0.5	0.5	0.25	0.25	0.25

3. 建立出行目的地预测模型

1) 模型 I

根据式(7-2)分别获取各参数数据。以 2018 年 10 月 8 日骑行数据为例,导入盐田区 POI 及骑行终点数据。

建立 200m 缓冲区,确定骑行目的地区域。在工具箱中选择"分析工具"→"邻近分析"→"缓冲区",如图 7-7 所示。

图 7-7 建立骑行目的地缓冲区

计算缓冲区内各类活动类型 POI 数量,即 number(POI.category=P.category)。以计算餐饮类 POI 数量为例,在功能区选择"地图"→"选择"→"按属性选择",选择餐饮类 POI,如图 7-8 所示。

图 7-8　按属性选择参数设置

在工具箱中选择"分析工具"→"叠加分析"→"空间连接",相关参数设置如图 7-9 所示。在新获得的"空间连接_餐饮.shp"的属性表中,"Join_Count"即为各共享单车骑行目的区域餐饮类 POI 数量。

图 7-9　空间连接参数设置

实验七　基于重力模型和贝叶斯算法的共享单车出行目的推断

计算骑行目的地区域内,骑行结束点与各活动类型 POI 的距离,即 $d(D,P)$。在工具箱中选择"分析工具"→"邻近分析"→"生成邻近表"。生成的属性表中"NEAR_DIST"即为 $d(D,P)$,其中"IN_FID"为候选 POI P 对应 ID,"NEAR_FID"为骑行终点 D 的对应 ID(图 7-10)。

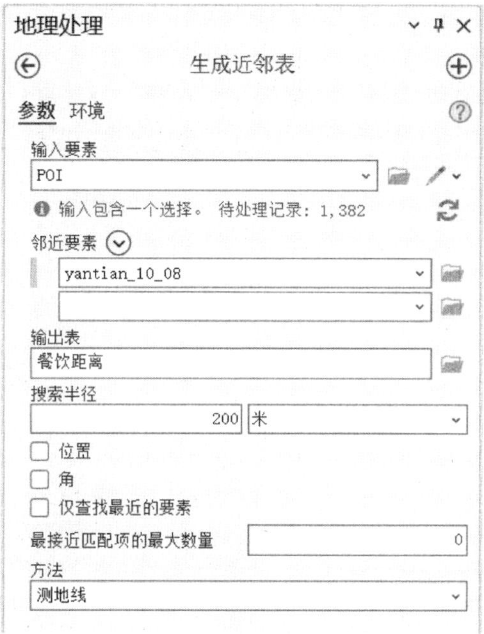

图 7-10　生成邻近表参数设置

在工具箱中选择"数据管理工具"→"连接和关联"→"连接字段"。其中"空间连接_餐饮"表中的"FID"与骑行目的地终点数据"yantian_10_08"的"FID"相同(图 7-11)。而"餐饮距离"表中的"NEAR_FID"为骑行终点 D 对应的 ID,因此两者可以对应连接。

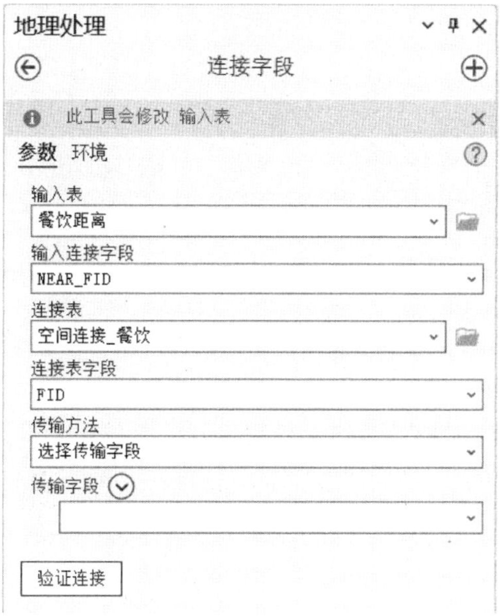

图 7-11　连接字段参数设置

在内容管理器中,将连接完成的表导出,重新命名为"餐饮计算_model1"。打开新导出的表,新建字段"G",数据类型为"双精度"。右击新建字段"G",选择计算字段,利用相关公式进行计算。相关参数设置如图 7-12 所示。其中"Join_Count"即为 number(POI.category = P.category),"NEAR_DIST"为 $d(D,P)$,"godining"为餐饮类时间权重 $W(t_{P,\text{category}})$。同理计算各类型 POI 的 $G(D,P,t)$。

在工具箱中选择"数据管理工具"→"常规"→"合并",将计算得到的各类型 POI 的计算属性表合并。相关参数设置如图 7-13 所示。注意需要先重置字段映射,保留部分字段。

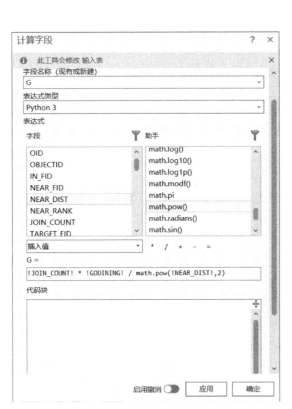

图 7-12　计算字段参数设置

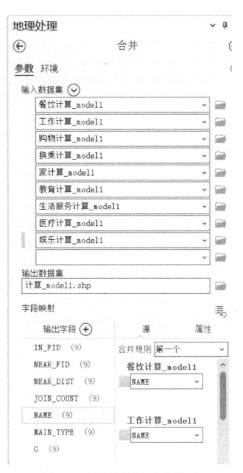

图 7-13　合并属性表参数设置

打开获得的"计算_model1"属性表,右击"G"字段,统计类型选择"总和",如图 7-14 所示。汇总获得各骑行目的地区域内 POI 的 $G(D,P,t)$ 总和。

计算骑行目的地区域内各 POI 的访问概率。在工具箱中选择"数据管理工具"→"连接和关联"→"连接字段"。在"计算_model1"属性表中获得各 POI 点对应 $G(D,P,t)$ 总和,如图 7-15 所示。

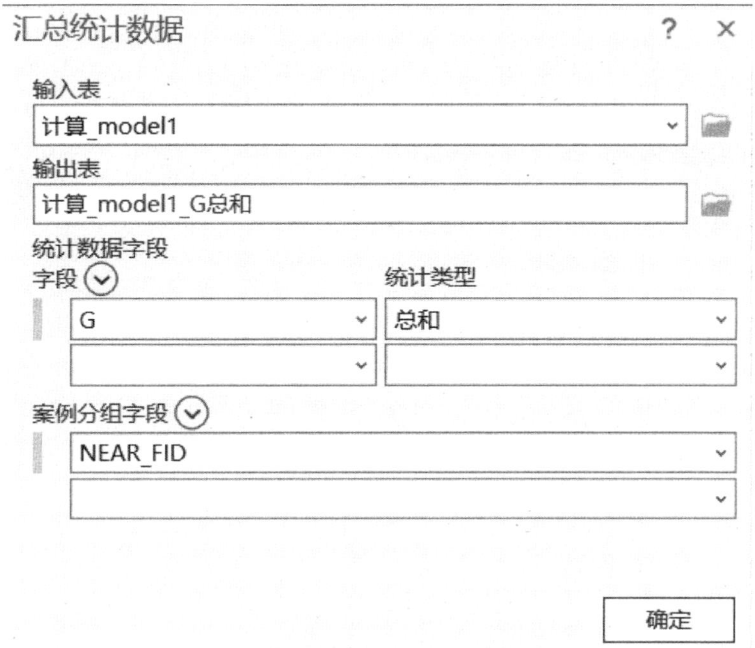

图 7-14　汇总 $G(D,P,t)$ 总和参数设置

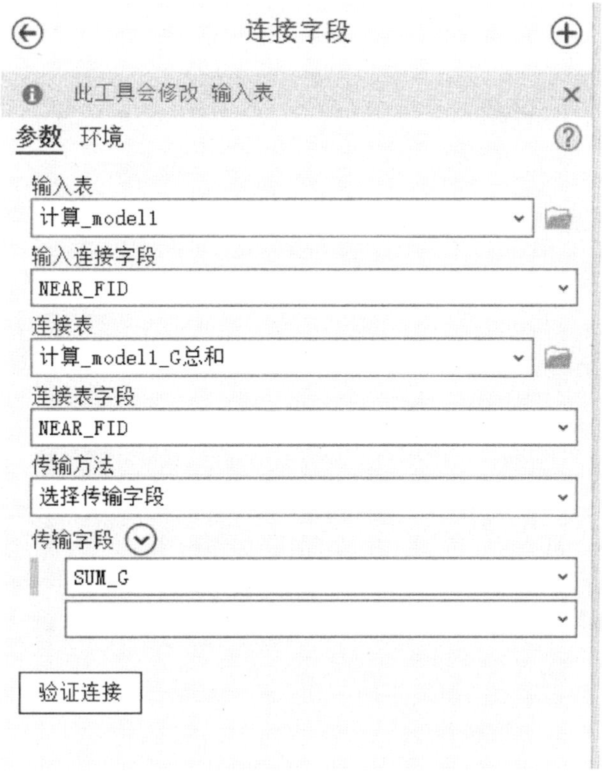

图 7-15　连接获取 $G(D,P,t)$ 总和参数设置

在"计算_model1"属性表中新建字段"P",字段类型为"双精度",代表各 POI 的访问概率。根据各 POI 访问概率的计算公式 $\Pr(P_i \mid D, t) = \dfrac{G(D, P_i, t)}{\sum\limits_{j=1}^{n} G(D, P_i, t)}$,计算字段。注意"G"字段存在 0 值,因此在功能区中选择"按属性选择",选择"G"值大于 0 的字段并进行字段计算。对于"G"值等于 0 的字段,访问概率统一赋值为 0,如图 7-16 和图 7-17 所示。

图 7-16　获取 $G(D, P, t)$ 大于 0 的字段

图 7-17　计算各 POI 的访问概率

实验七　基于重力模型和贝叶斯算法的共享单车出行目的推断

汇总计算得到的各 POI 的访问概率，获得各骑行目的地点访问 POI 的最大概率，如图 7-18 所示。

图 7-18　汇总获得 POI 最大访问概率

在工具箱中选择"数据管理工具"→"连接和关联"→"连接字段"，将表"Pmax_model1"与"计算_model1"连接，如图 7-19 所示。

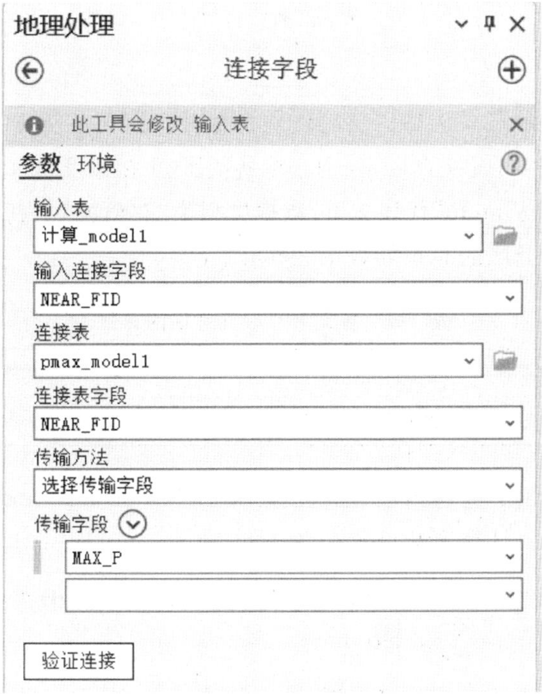

图 7-19　连接获取 POI 最大访问概率

在功能区中选择"按属性选择",选择"P"值与"MAX_P"值相同即可获得各骑行目的地点所推断的出行活动目的地,如图 7-20 所示。

图 7-20 获取推断的出行活动目的地

2) 模型Ⅱ

根据计算式(7-5)获取相关参数。骑行终点的缓冲区以及各类 POI 空间连接数据与模型Ⅰ相同。根据式(7-3),利用属性查询,分别获取各类 POI 在研究区域内的总数。在各类 POI 空间连接数据中新建字段"midu"代表 ρ 值,数据类型为"双精度"。利用公式进行字段计算。

其中各类 POI 在研究区的总数如表 7-5 所示。

表 7-5 各类 POI 在研究区的总数

类别	餐饮	工作	购物	换乘	回家	教育	生活服务	医疗	娱乐
总数	1382	1922	2311	822	1179	328	1365	222	506

以计算餐饮类 POI 的 ρ 值为例,"空间连接_餐饮"中"Join_Count"即为目标区域中餐饮活动的候选 POI 的数量。计算参数设置如图 7-21 所示。

根据公式 $C(\text{activity}_i) = \dfrac{\rho(\text{activity}_i)}{\sum\limits_{i=1}^{9} \rho(\text{activity}_i)} \times 100\%$,在工具箱中选择"数据管理工具"→"常规"→"合并",将各类型 POI 空间连接结果合并,如图 7-22 所示。注意重置字段映射。

实验七 基于重力模型和贝叶斯算法的共享单车出行目的推断

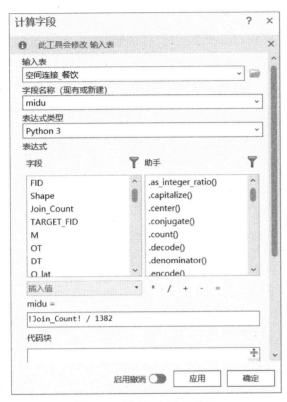

图 7-21 计算 ρ 值参数设置

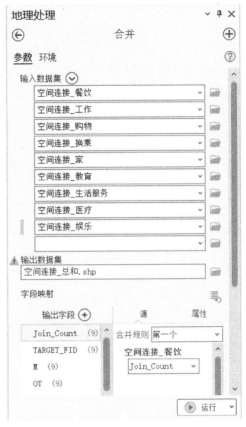

图 7-22 合并各类空间连接参数设置

在合并得到的"空间连接_总和"中，对"midu"字段进行汇总。汇总参数设置如图 7-23 所示。其中"TARGET_FID"即为骑行目的地点的 ID。获得各骑行目的区域内各活动类型的 ρ 总和，即 $\sum_{i=1}^{9} \rho(\text{activity}_i)$。

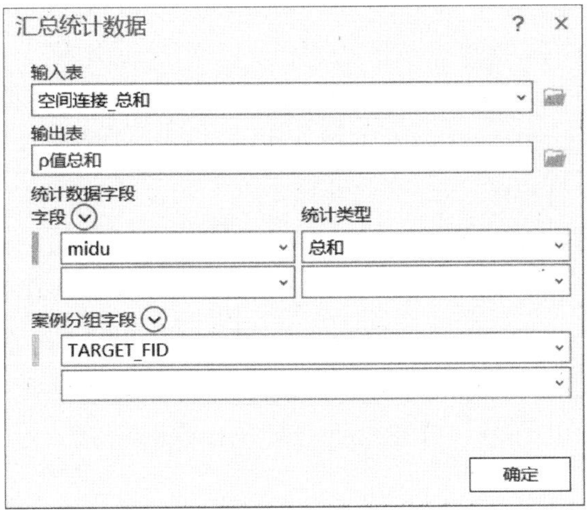

图 7-23 汇总获得各活动类型的 ρ 总和

在工具箱中选择"数据管理工具"→"连接和关联"→"连接字段",将得到的 $\sum_{i=1}^{9} \rho(\text{activity}_i)$ 连接到各活动类型的空间连接表中,以餐饮类为例,如图 7-24 所示。

在各活动类型的空间连接属性表中新建字段"C",数据类型为"双精度",代表活动类型比例。利用字段计算器和公式计算得到各活动类型空间连接表中的 $C(\text{activity}_i)$。注意字段"midu"存在 0 值,需要利用属性选择"midu"大于 0 的相关字段进行求和。相关参数设置如图 7-25 所示。

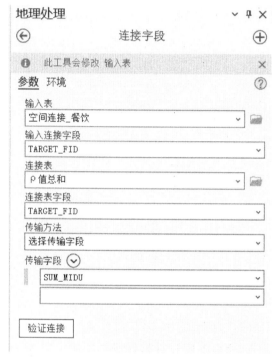

图 7-24　连接获得各活动类型的 ρ 总和

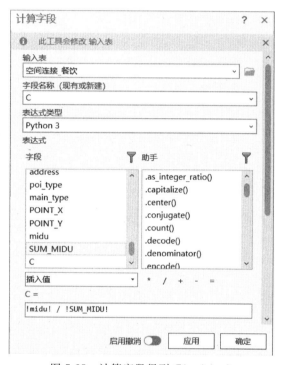

图 7-25　计算字段得到 $C(\text{activity}_i)$

同理利用邻近表获取各类型 POI 点与骑行目的地终点的距离。利用 POI 表中的属性选择,分别选择各类 POI。在工具箱中选择"分析工具"→"邻近分析"→"生成近邻表"。以餐饮类为例,生成的属性表中"NEAR_DIST"即为 $d(D,P)$,其中"IN_FID"为候选 POI P 对应 ID,"NEAR_FID"为骑行终点 D 的对应 ID,如图 7-26 所示。

与模型 Ⅰ 相同,在工具箱中选择"数据管理工具"→"连接和关联"→"连接字段",将"餐饮距离"表与"空间连接_餐饮"表,通过字段"NEAR_FID"与"FID"对应连接,并将连接完成的表导出,重新命名为"餐饮计算_model2"。注意导出属性表时,要确保字段映射中有字段"C"。如果没有,可以通过添加新的字段以及新源并确保字段属性为"双精度",如图 7-27 所示。

在新得到的"餐饮计算_model2"表中新建字段"G",数据类型为"双精度"。利用式(7-5)进行计算,如图 7-28 所示。同理计算各活动类型 POI 的 $G(D,P,t)$。

实验七　基于重力模型和贝叶斯算法的共享单车出行目的推断

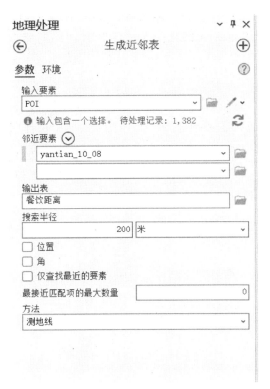

图 7-26 "生成近邻表"参数设置

图 7-27 导出属性表

图 7-28 餐饮计算参数设置

与模型Ⅰ步骤相同,计算各骑行目的地区域内POI的$G(D,P,t)$总和,再获得各POI点对应$G(D,P,t)$总和,通过概率公式即可计算出各POI的访问概率,获得各骑行目的地点访问POI的最大概率。

3)模型Ⅲ

考虑到POI服务容量计算的复杂性,本实验将直接提供相关POI的服务容量。在POI中的字段"SC"表示各类POI的服务指标$SC_{P,type}$。在工具箱中选择"分析工具"→"邻近分析"→"生成近邻表",生成的近邻表命名为"POI距离",如图7-29所示。

在工具箱中选择"数据管理工具"→"连接和关联"→"连接字段",将"POI距离"表和共享单车骑行目的地终点连接,获得骑行终点数据表中各POI类型的时间权重,如图7-30所示。

图7-29 "生成POI近邻表"参数设置　　　　图7-30 连接获取时间权重参数设置

再将"POI距离"表与POI属性表连接,获取POI属性表中各类型POI的服务指标$SC_{P,type}$及POI类型。其中传输字段设置为字段"SC"和"main_type",如图7-31所示。

将连接完成的"POI距离"表导出并重新命名为"POI计算"。在新获得的"POI计算"表中新建字段"G"代表POI的吸引力,数据类型为"双精度"。利用属性选择,根据字段"MAIN_TYPE"选择不同类型的POI,根据式(7-5)进行字段计算。以餐饮类POI为例,参数设置如图7-32所示。

实验七 基于重力模型和贝叶斯算法的共享单车出行目的推断

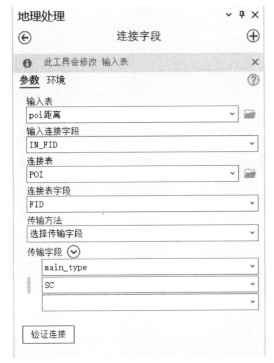

图7-31 连接字段获取服务指标

图7-32 计算得到$G(D,P,t)$参数设置

与模型Ⅰ相同,首先对各骑行终点范围内的POI的G进行汇总,求G总和,将得到的G总和根据"NEAR_FID"与"POI计算表"重新连接;其次新建双精度字段"P"代表POI访问概率,利用公式$\dfrac{G(D,P,t)}{\sum_{j=1}^{n}G(D,P,t)}$计算得到各POI的访问概率;再次对"P"字段根据字段"NEAR_FID"进行汇总,获得各骑行目的地点最大访问概率;最后通过字段连接,获得各骑行目的地点最大访问概率所属的POI。

参 考 文 献

BACHIR D, KHODABANDELOU G, GAUTHIER V, et al., 2019. Inferring dynamic origin-destination flows by transport mode using mobile phone data[J]. Transportation Research Part C, 101: 254-275.

BRICKA S, BHAT R C, 2006. Comparative analysis of global positioning system-based and travel survey-based data[J]. Transportation Research Record, 1972(1): 9-20.

CASEY H J, 1995. Applications to traffic engineering of the law of retail gravitation[J]. Traffic Quarterly, 9(1): 23-35.

CHI J, JIAO L, DONG T, et al., 2016. Quantitative identification and visualization of urban functional area based on POI data[J]. Journal of Geomatics. , 41(2): 68-73.

CORCORAN J, LI T, ROHDE D, et al., 2014. Spatio-temporal patterns of a Public Bicycle Sharing Program:the effect of weather and calendar events[J]. Journal of Transport Geography,41:292-305.

FURLETTI B,CINTIA P,RENSO C,et al.,2013. Inferring human activities from GPS tracks[C]//Proceedings of the 2nd ACM SIGKDD international workshop on urban computing:1-8.

GONG L, LIU X, WU L, et al., 2016. Inferring trip purposes and uncovering travel patterns from taxi trajectory data[J]. Cartography and Geographic Information Science,43(2):103-114.

LI A, HUANG Y, AXHAUSEN W K, 2020. An approach to imputing destination activities for inclusion in measures of bicycle accessibility[J]. Journal of Transport Geography,82:102566.

LI S, ZHUANG C, TAN Z, et al., 2021. Inferring the trip purposes and uncovering spatio-temporal activity patterns from dockless shared bike dataset in Shenzhen,China[J]. Journal of Transport Geography,91(1):102974.

OGILVIE F, GOODMAN A, 2012. Inequalities in usage of a public bicycle sharing scheme:socio-demographic predictors of uptake and usage of the London(UK)cycle hire scheme[J]. Preventive Medicine,55(1):40-45.

RIXEY A R, 2013. Station-level forecasting of bikesharing ridership:station network effects in three U.S. systems[J]. Transportation Research Record,2387(1):46-55.

XIE X, WANG J Z, 2018. Examining travel patterns and characteristics in a bikesharing network and implications for data-driven decision supports:case study in the Washington DC area[J]. Journal of Transport Geography,71:84-102.

YANG Y, HEPPENSTALL J A, TURNER A, et al., 2019. A spatiotemporal and graph-based analysis of dockless bike sharing patterns to understand urban flows over the last mile [J]. Computers,Environment and Urban Systems,77:101361.

ZHAO P, KWAN M P, QIN K, 2017. Uncovering the spatiotemporal patterns of CO_2 emissions by taxis based on Individuals' daily travel[J]. Journal of Transport Geography,62:122-135.

ZHOU X, YEH O G A, 2020. Understanding the modifiable areal unit problem and identifying appropriate spatial unit in jobs-housing balance and employment self-containment using big data[J]. Transportation,48(3):1-17.

实验八

老年人公共交通可达性和公平性分析

一、实验场景

公共交通可达性是衡量公共交通资源配置公平性和合理性的重要指标,关系城市居民上学、就医等参与社会经济活动的机会,是落实就近可及、公共服务均等化的关键所在(柴蕾等,2024)。当前,中国60岁及以上人口占总人口比重超21.1%,老龄化问题日渐突出,老年人成为城市建设发展的重点关注对象。面向该特定群体探讨城市公共交通配置的合理性和公平性,对推动城市发展的适老化转型、以人为本及可持续社会建设等具有重要的意义。

实现交通公平是可持续发展领域研究的重要内容(Lirman et al.,2002)。自20世纪90年代末以来,国外学者开始关注特定社会群体的出行与社会排斥问题(黄晓燕等,2022),将交通公平性的探讨主要分为横向公平(horizontal equity)和纵向公平(vertical equity)。横向公平强调为每个人提供平等的出行机会,通常采用基尼系数和洛伦兹曲线进行分析;纵向公平强调交通设施的空间配置与不同社会群体需求之间的差距,提倡交通服务偏向弱势群体(Ricciardi et al.,2015;Delbosc et al.,2011)。两者共同构成城市交通设施、资源公平性评价的重要维度。

国内学者对交通公平研究起步较晚。随着城镇化进程的快速推进,部分大城市的社会空间分异现象日益加剧(Fan et al.,2014),有关交通配置的社会公平研究才逐渐兴起。其中,可达性是衡量公共交通及社会资源配置公平性的重要指标(戢晓峰等,2018)。常用的度量方法包括比例法、最近距离法、基于机会累积的方法、潜能模型法和两步移动搜索法等(彭菁等,2012;王姣娥等,2022)。近年来,可达性被广泛应用于各类资源配置公平性的评估中,很多研究通过可达性或建立其他公平性测度方法分析区域交通的整体公平性,如综合考虑交通区位、交通方式与出行群体差异,计算面向不同收入群体的可达性测度模型(Ricciardi et al.,2015);或综合考虑多种交通方式,构建交通服务水平指标模型,利用基尼系数等开展公共交通空间公平性的实证研究(李旻芮等,2022);少数学者基于更为精细的格网尺度,提出基于空间公平的公共交通服务评价框架,从整体和局部两种尺度开展城市公共交通系统的评价(李博闻等,2021)。但综合来看,针对老年弱势群体的公共交通纵向公平性研究仍较少,尤其是缺乏精细尺度的空间研究分析。因此,本实验面向老年人口这一特定群体,考虑群体需求与城市公共交通供给的关系,介绍精细尺度下的公共交通可达性、公平性评价的过程方法,以期为读者开展综合城市公共设施/资源配置合理性研究提供科学的路径参考。

本实验以老年人口密集的广州市天河区为例,综合考虑公共汽电车和城市轨道交通出行方式,运用基尼系数、改进潜能模型与双变量空间自相关分析等方法,从整体和局部层面探讨老幼群体公共交通资源配置公平性。

二、实验目标与内容

1. 实验目标与要求

(1)强化对可达性与公平性分析方法的理解。
(2)熟练掌握 ArcGIS 和 GeoDa 的使用方法。
(3)结合实际,培养利用 ArcGIS、GeoDa、Excel 等软件进行可达性计算和公平性分析的能力。

2. 实验内容

(1)公共交通整体公平性分析。
(2)公共交通可达性分析。
(3)公共交通局部供需平衡特征分析。

三、实验数据与思路

1. 实验数据

本实验数据主要包括老年人口数据和公共交通车站数据两部分。老年人口数据来源于 2019 年 12 月人口调查数据,其中老年人的年龄范围为 60 岁及以上,数据精度为 $500m \times 500m$ 的格网尺度。公共交通车站数据为 2020 年公共汽电车与城市轨道交通(含地铁和有轨电车)车站位置数据,通过 Python 调用高德地图开放 API 获取。

2. 思路与方法

本实验使用老年人口格网数据和公共交通车站数据,并将各格网的人口数量聚集到其几何中心来表征公共交通设施的需求点,将公共交通车站位置作为供给点,通过 ArcGIS 软件分别计算公共交通供给指数和公共交通可达性。具体思路如下:首先,采用公共服务供给衡量方法求出公共交通供给指数,并在此基础上结合洛伦兹曲线和基尼系数,从整体层面探讨老年人口的公共交通公平性;其次,借助改进潜能模型剖析公共交通的可达性指数,并通过双变量空间自相关分析方法,从局部层面挖掘老年人口与公共交通资源的供需平衡关系,以达到综合评价公共交通资源配置公平性的目的。

其中,由于公共汽电车与城市轨道交通之间的运量差异明显,因此需要分别计算两者的供给指数和可达性指数,然后通过加权求和的方式计算最终的公共交通供给指数和可达性指数。权重确定方法如下:①根据 2020 年广州市公共汽电车与城市轨道交通线路数量(944 条和 18 条)和年日均客运量(365.1 万人次和 657.5 万人次),计算得到公共汽电车与城市轨道交通的单位服务能力(年日均客运量/线路数量)分别为 0.39 万人次/条和 36.53 万人次/条;②计算两类公共交通的换算权重值(城市轨道交通单位服务能力/公共汽电车单位服务能力),即 1 单位城市轨道交通服务能力等同于 94 单位公共汽电车服务能力;③在城市轨道交通的相应指数计算结果前乘以权重 94,将二者转换至同一衡量体系下进行加和得到最终结果。

1)公共交通供给指数

公共交通供给指数计算方法:将格网分析单元的几何中心作为需求点,公共交通车站的位置作为供给点,以需求点为圆心,按照搜索半径形成圆形区域(图 8-1),圆形区域内的站点为居住在分析单元内的居民可使用的所有站点。该区域内的每个站点的供给强度施加在需求点的影响之和,为该分析单元的公交服务供给指数。考虑到公共交通使用概率随距离衰减的特性,建立基于核密度估计理论的供给指数,即以服务配置强度密度估计的形式得出格网分析单元的公共交通供给指数(李博闻等,2021)。计算公式为

$$\mathrm{SI}_{fnc} = \frac{1}{\pi r^2} \sum_{j=1}^{n} f\left(\frac{d_j}{r}\right) M_j \tag{8-1}$$

$$f\left(\frac{d_j}{r}\right) = \begin{cases} 1 - \dfrac{d_j}{r} & (0 \leqslant d_j \leqslant r) \\ 0 & (d_j > r) \end{cases} \tag{8-2}$$

式中:SI_{fnc} 为格网分析单元的公共交通供给指数;n 为需求点搜索半径内公共交通车站数量(个);f 为距离衰减函数;d_j 为公共交通车站 j 到分析单元中心的欧式距离(m);r 为搜索半径(m);M_j 为车站 j 的供给能力权重,赋值为公共汽电车车站或城市轨道交通车站的经停线路数量(条)。

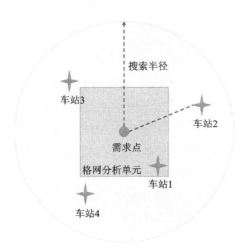

图 8-1 公共交通供给指数计算搜索半径示意

将需求点到格网边的垂直距离(250m)作为500m格网分析单元的半径,并考虑公共汽电车车站和城市轨道交通车站的最大服务半径为500m和1000m(李苗裔等,2015),最终确定两类车站的搜索半径分别为750m和1250m(格网分析单元半径+公共交通最大服务半径)。

2)洛伦兹曲线和基尼系数

洛伦兹曲线和基尼系数是衡量资源配置公平性的重要指标。洛伦兹曲线以图像的形式反映公共交通资源在人口中的累积分布情况,基尼系数以数值的形式表征相应的公平程度,互为补充。为避免结果出现偏差,先剔除人口数为0的格网分析单元,并按照各单元人均享有的资源从低到高排序。以单元人口比例累计值作为横轴、单元人均享有资源比例累积值为纵轴,绘制洛伦兹曲线(曲线弧度越大,资源分配越不平等),求得相应的围合面积,再计算基尼系数(Delbosc et al.,2011)。计算公式为

$$G = \frac{S_1}{S_1 + S_2} = 1 - \sum_{i=1}^{z}(X_i - X_{i-1})(Y_i + Y_{i-1}) \tag{8-3}$$

式中:G为基尼系数;S_1和S_2分别为洛伦兹曲线与平衡曲线、坐标轴所夹面积;i为格网分析单元编号;z为格网分析单元数量;X_i为格网分析单元人口需求与总量的比例累积值;Y_i为格网分析单元公共交通供给指数与总量的比例累积值。G取值0~1,值越小表示公共交通资源配置越公平。

3)改进潜能模型

潜能模型源于物理学的万有引力定律,是探讨社会、经济空间相互作用的有效方法,常被用于城市公共服务设施的可达性研究。尽管该方法考虑了设施的供给能力及其获取的空间阻抗,但忽略了服务对象数量及设施等级对居民选择的影响。对此,部分学者持续优化,将人口规模因子和居民选择设施的行为纳入考量,得到改进潜能模型(程敏,2018)。计算公式为

$$A_i = \sum_{j=1}^{n} \frac{S_{ij} M_j}{D_{ij}^{\beta} V_j} \tag{8-4}$$

$$V_j = \sum_{k=1}^{m} \frac{S_{kj} P_k}{D_{kj}^{\beta}} \tag{8-5}$$

$$S_{ij} = 1 - \left(\frac{D_{ij}}{D_j}\right)^{\beta} \tag{8-6}$$

式中:A_i为需求点i的公共交通可达性指数,由公共交通车站等级规模影响因子S_{ij},即车站j等级规模对需求点i的影响系数,车站j的供给能力权重M_j,即公共汽电车车站或城市轨道交通车站的经停线路数量(条),需求点i与车站j的出行阻抗(m)D_{ij}以及车站j的人口规模影响因子V_j共4个参数计算得到,其中S_{ij}通过D_{ij}与公共交通车站j的搜索半径(m)D_j求得;β为需求点i与公共交通车站j之间的出行摩擦系数,鉴于公共交通设施的距离衰减作用较其他设施弱,故此处取1;V_j由车站j等级规模对需求点k的影响系数S_{kj},需求点所在格网分析单元k的人口数P_k以及需求点k与车站j的出行阻抗(m)D_{kj}共3个参数计算获得;m为公共交通车站搜索半径内居民需求点数量。此外,D_{ij}与D_{kj}均采用欧氏距离进行表征。

4)双变量空间自相关分析

双变量空间自相关分析用来反映某一区域变量与相邻区域另一变量均值的空间相关特

征,包括高-高、低-低的空间正相关和高-低、低-高的空间负相关状态(浩飞龙,2021)。双变量空间自相关分析计算公式为

$$I_{i,a,b} = \frac{Y_{i,a} - \bar{Y}_a}{\delta_a} \times \sum_{g=1}^{m}\left(W_{ig} \times \frac{Y_{g,b} - \bar{Y}_b}{\delta_b}\right) \tag{8-7}$$

式中:$I_{i,a,b}$为老年人口出行需求与公共交通可达性之间的相关性结果;$Y_{i,a}$为格网单元i中属性a的值;$\bar{Y}_a$为属性a的均值;δ_a为属性a的方差;W_{ig}为格网单元i、g间的权重矩阵;$Y_{g,b}$为格网单元g中属性b的值;$\bar{Y}_b$为属性b的均值;δ_b为属性b的方差。

整体流程如图8-2所示。

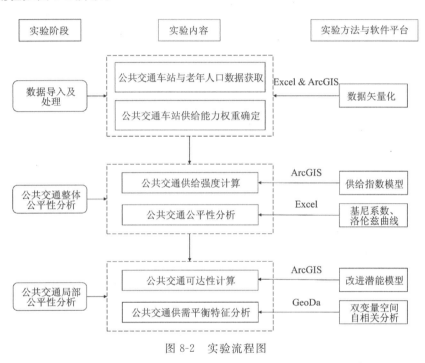

图8-2　实验流程图

四、实验步骤

1. 公共交通整体公平性分析

1)公共交通供给强度分析

(1)计算搜索半径内需求点到公共交通车站的距离。

打开 ArcMap,加载"old_point_pro.shp""Bus_point_gz2020""Subway_point_gz2020"数据集,这些数据集均已被转换为 WGS_1984_UTM_Zone_49N 平面坐标系,之后使用分析工具中的点距离工具:"ArcToolbox"→"分析工具"→"邻域分析"→"点距离"。其中,公共汽电车和轨道交通的搜索半径分别设为750m和1250m,如图8-3所示。分别得到需求点搜索半径内到公共汽电车车站和轨道交通车站的距离,并导出为表"old_bus_dis"和表"old_subway_dis"。

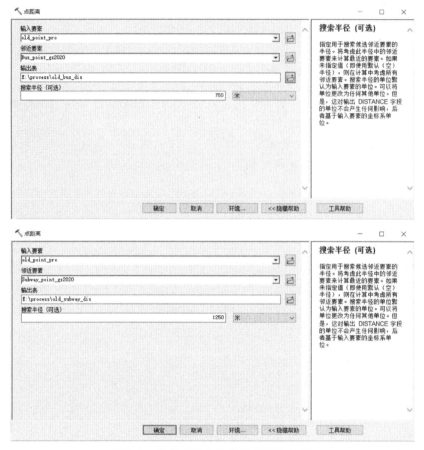

图8-3 需求点和公共交通点距离计算

(2)计算需求点搜索半径内车站距离衰减函数。

右击图层"old_bus_dis",打开"属性表"→"表选项"→"添加字段",添加字段"F"(衰减函数)、字段"M"(公共交通供给能力权重)和字段"F_M"(衰减函数×供给能力权重),如图8-4所示。同理,表"old_subway_dis"同样添加上述3个字段。

图8-4 衰减函数和供给能力权重字段添加

选择"old_bus_dis"图层,右键单击,选择"连接"和"关联→连接",打开对话框将"old_bus_

dis"和"Bus_point_gz2020"图层按"FID"字段进行属性表连接；重复类似操作，将"old_subway_dis"图层和"Subway_point_gz2020"图层进行属性表关联，如图 8-5 所示。分别打开"old_bus_dis"和"old_subway_dis"属性表，右击"F"字段、"M"字段、"F_M"字段→"字段计算器"，计算 3 个字段的对应数值，如图 8-6～图 8-8 所示。计算完成后移除连接表"Bus_point_gz2020"和"Subway_point_gz2020"图层。

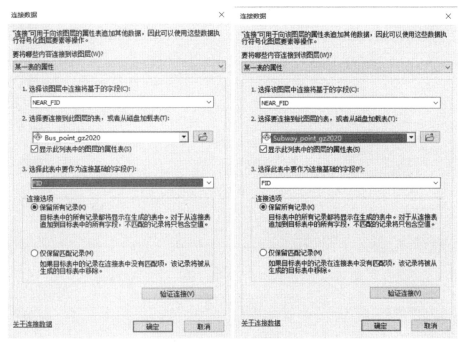

图 8-5　属性表连接

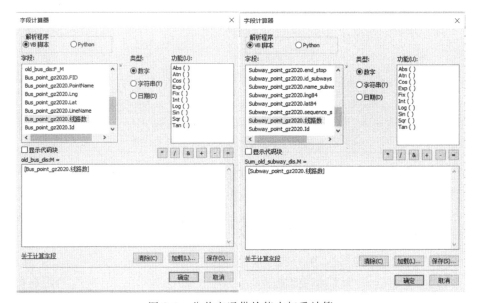

图 8-6　公共交通供给能力权重计算

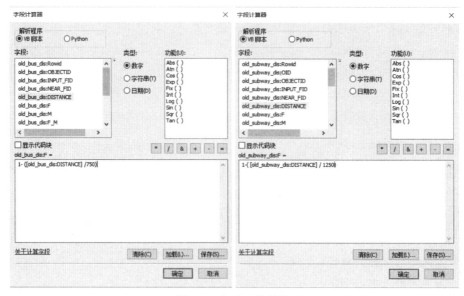

图 8-7 衰减函数计算

图 8-8 衰减函数和供给能力权重相乘计算

（3）计算需求点搜索半径内综合公共交通供给指数。

①分别打开"old_bus_dis"图层和"old_subway_dis"图层的属性表。右击"INPUT_FID"字段，对"F_M"字段汇总，如图 8-9 所示，得到表"Sum_old_bus_dis.dbf"和表"Sum_old_subway_dis.dbf"。

②分别计算公共汽电车和轨道交通的供给指数。打开表"Sum_old_bus_dis"和表"Sum_old_subway_dis"的属性表，添加字段"bus_supply"和"subway_supply"并计算，如图 8-10 和图 8-11 所示。

实验八 老年人公共交通可达性和公平性分析

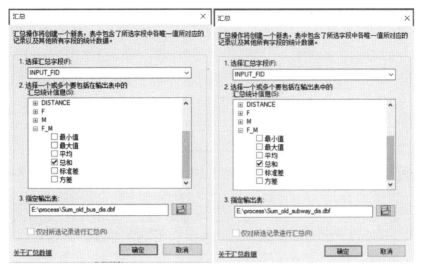

图 8-9 字段汇总计算

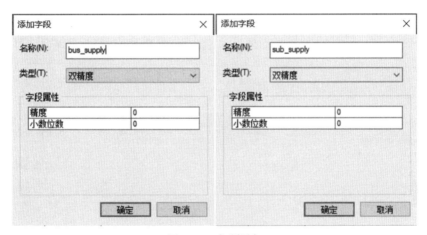

图 8-10 字段添加

图 8-11 公共汽电车和轨道交通供给指数计算

③将公共汽电车供给指数和轨道交通供给指数转换至同一衡量体系下,计算综合公共交通供给指数。右键单击"old_point_pro"图层,选择"连接"和"关联→连接",打开对话框将"old_point_pro"和"Sum_old_bus_dis"按"FID"字段进行属性表连接,同样将"old_point_pro"和"Sum_old_subway_dis"进行属性表连接,如图 8-12 所示。属性表连接之后,将"old_point_pro"图层导出:右击"old_point_pro"图层→"数据"→导出数据"old_point_supply_index.shp",如图 8-13 所示。

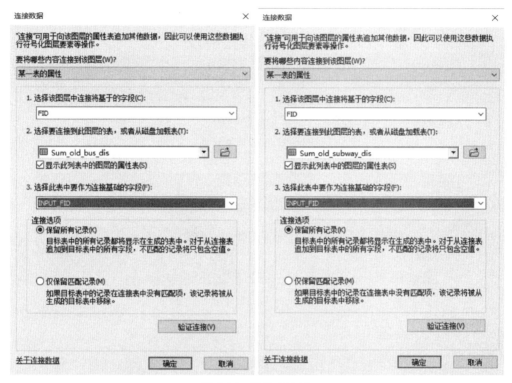

图 8-12 属性表连接

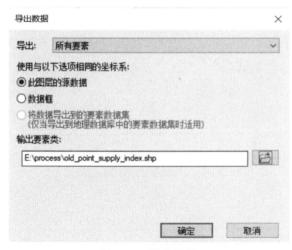

图 8-13 导出数据

实验八 老年人公共交通可达性和公平性分析

④打开"old_point_supply_index"的属性表,添加字段"tra_supply",并根据公式计算得到最终公共交通供给指数,如图 8-14 所示。

图 8-14 综合公共交通供给指数计算

⑤将供给指数点数据转换为面数据格式,并可视化公共交通供给指数。导入"grid500_old"数据,右键单击"grid500_old"图层,选择"连接"和"关联→连接",打开对话框将"grid500_old"和"old_point_supply_index"按"Id"字段进行属性表连接;然后将"grid500_old"图层导出:右击"grid500_old"图层→"数据"→导出数据"old_grid_supply_index.shp",如图 8-15 所示。最终公共交通供给指数空间分布结果如图 8-16 所示。

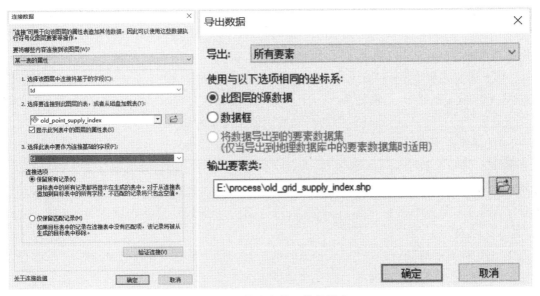

图 8-15 供给指数面数据导出

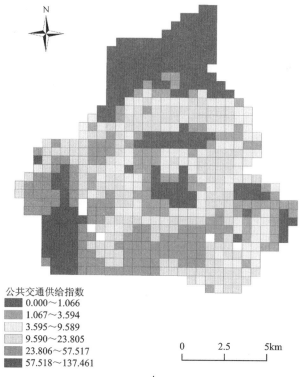

图 8-16 公共交通供给指数空间分布

2)公共交通基尼系数结果分析

(1)基尼系数计算所需基本数据处理。

基尼系数的计算需要格网尺度上的人口数量和公共交通供给指数两部分数据。首先,将"old_grid_supply_index"属性表导出为 Excel 表格,使用转换工具中的表转 Excel:"ArcToolbox"→"转换工具"→"Excel"→"表转 Excel",得到包含各格网单元的老年人口数量和供给指数的 Excel 表格,如图 8-17 所示。其次,新建 Excel 表格命名为"old_基尼系数.xlsx",将上述步骤所得 Excel 表格中的"老人"(老年人口数量)和"tra_supply"(公共交通供给指数)两个字段复制到"old_基尼系数"表格中,将字段命名为"老人"和"综合供",并删除老年人口数量为 0 的行记录,得到处理后的基尼系数计算基础数据,如图 8-18 所示。

(2)计算供需累积百分比。

在"old_基尼系数"Excel 表格中,首先,使用 SUM 函数分别计算天河区老人数量和供给指数之和。其次,添加字段"需求百分比"和"供给百分比",并通过各格网老年人口数量/天河区老年人总人口数量和各格网供给指数/天河区总供给指数计算各格网的需求和供给百分比,如图 8-19 所示。

在"old_基尼系数"Excel 表中,首先,添加字段"供给/需求",并通过各格网供给指数/格网老年人口数量计算得到格网人均公共交通供给强度,如图 8-20 所示。其次添加字段"需求累积百分比"和"供给累积百分比",并通过累积计算法得到相应数值,如图 8-21 所示,并确保最后一行累积值为 1。

实验八 老年人公共交通可达性和公平性分析

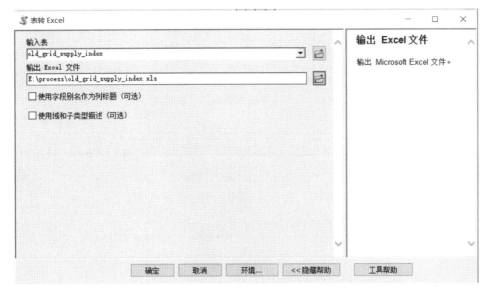

图 8-17 供给指数表转 Excel

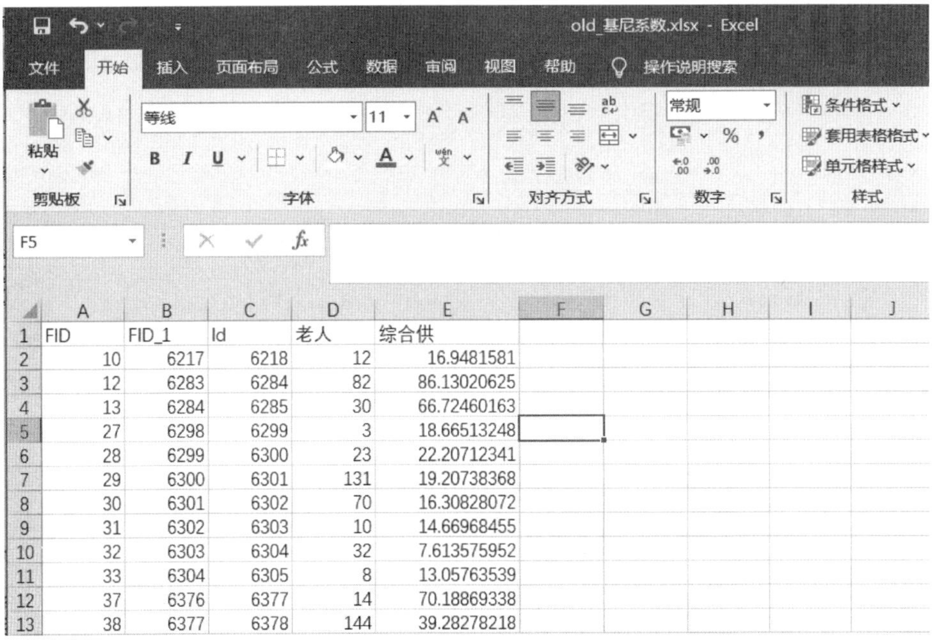

图 8-18 老年人公共交通供给指数基尼系数计算表格创建

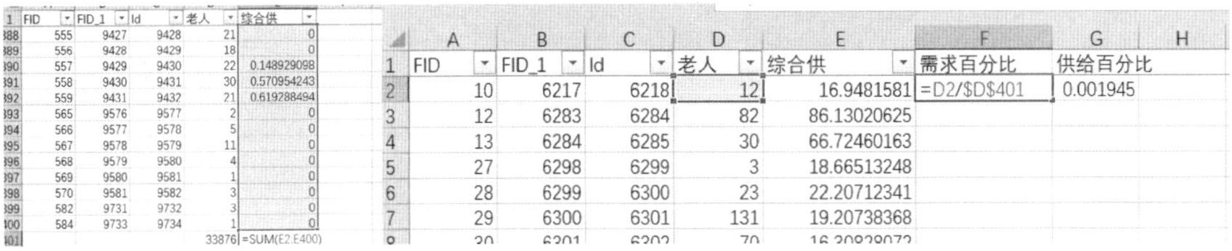

图 8-19 需求百分比和供给百分比计算

	A	B	C	D	E	F	G	H	I	J
1	FID	FID_1	Id	老人	综合供	需求百分比	供给百分	供给/需求	(格网人均资源量)	
2	10	6217	6218	12	16.9481581	0.000354233	0.001945	=E2/D2		
3	12	6283	6284	82	86.13020625	0.002420593	0.009886	1.050368		
4	13	6284	6285	30	66.72460163	0.000885583	0.007659	2.224153		

图 8-20 格网人均公共交通供给指数计算

	A	B	C	D	E	F	G	H	I	J	K
1	FID	FID_1	Id	老人	综合供	需求百分	供给百分	供给/需求	需求累积百分比	供给累积百分比	
2	231	7167	7168	3	0	8.86E-05	0	0	8.85583E-05		
3	341	7715	7716	47	0	0.001387	0	0	=F3+I2		
4	416	8149	8150	5	0	0.000148	0	0	0.001623568		
5	514	8988	8989	1	0	2.95E-05	0	0	0.001653088		
6	542	9277	9278	16	0	0.000472	0	0	0.002125399		

	A	B	C	D	E	F	G	H	I	J	K
1	FID	FID_1	Id	老人	综合供	需求百分	供给百分	供给/需求	需求累积百分比	供给累积百分比	
2	231	7167	7168	3	0	8.86E-05	0	0	8.85583E-05	0	
3	341	7715	7716	47	0	0.001387	0	0	0.001475971	=G3+J2	
4	416	8149	8150	5	0	0.000148	0	0	0.001623568	0	
5	514	8988	8989	1	0	2.95E-05	0	0	0.001653088	0	

	A	B	C	D	E	F	G	H	I	J
1	FID	FID_1	Id	老人	综合供	需求百分	供给百分	供给/需求	需求累积百分比	供给累积百分比
394	476	8578	8579	1	15.29987537	2.95E-05	0.001756	15.29988	0.999822883	0.972751
395	488	8712	8713	1	17.59804379	2.95E-05	0.00202	17.59804	0.999852403	0.974771
396	471	8573	8574	1	18.32954696	2.95E-05	0.002104	18.32955	0.999881922	0.976875
397	41	6380	6381	1	21.2402192	2.95E-05	0.002438	21.24022	0.999911442	0.979313
398	72	6480	6481	1	38.80237247	2.95E-05	0.004454	38.80237	0.999940961	0.983767
399	381	7993	7994	1	42.09990869	2.95E-05	0.004832	42.09991	0.999970481	0.988599
400	59	6467	6468	1	99.32571716	2.95E-05	0.011401	99.32572	1	1
401				33876	8712.06577					

图 8-21 需求累积百分比和供给累积百分比计算

(3)计算基尼系数。

依据式(8-3)和图 8-22 的基尼系数计算原理(Liao et al.,2023),基尼系数为 $1-2B$(即 1 减去 2 倍的洛伦兹曲线与横坐标轴所夹面积)。其中,将所夹面积近似为无限个小梯形面积之和。

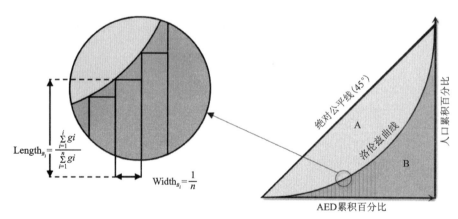

图 8-22 基尼系数计算原理

实验八 老年人公共交通可达性和公平性分析

根据上述计算得到的需求累积百分比和供给累积百分比,添加字段"ST",计算每个小梯形的面积;添加字段"SE",使用 SUM 函数对"ST"字段的所有行进行求和,得到洛伦兹曲线和横坐标轴所夹面积;添加字段"GINI",根据基尼系数计算公式得到天河区老年人公共交通供给指数基尼系数值为 0.578,如图 8-23 所示。

图 8-23 基尼系数计算

(4)绘制洛伦兹曲线。

首先,将需求累积百分比和供给累积百分比分别乘以 100 使其与单位匹配,如图 8-24 所示。其次,选中需求累积百分比和供给累积百分比两列,并在 Excel 表格中插入散点图,如图 8-25 所示。最后,进一步对该图形进行调整,得到公共交通供给指数洛伦兹曲线,如图 8-26 所示。

图 8-24 百分比单位转换

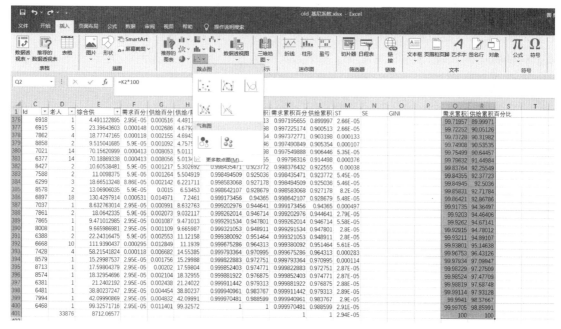

图 8-25 洛伦兹曲线绘制

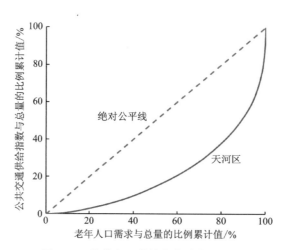

图 8-26 公共交通供给指数洛伦兹曲线

2. 公共交通局部公平性分析

1)公共交通可达性分析

(1)计算公共交通车站人口规模影响因子。

公共汽电车可达性和城市轨道交通可达性分开计算,两者进行加权相加得到最终的公共交通可达性。本小节以公共汽电车为例阐述可达性计算的操作过程,轨道交通可达性计算过程同理。根据改进潜能模型中公共交通车站服务范围内人口规模影响因子 V_j 的公式计算,使用 ArcMap 中的点距离工具:"ArcToolbox"→"分析工具"→"邻域分析"→"点距离",如图 8-27 所示,导出为"bus_old_dis.dbf"文件,并加载至 ArcMap 中。

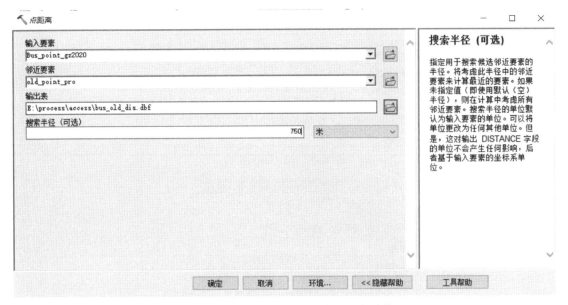

图 8-27　公共交通车站到需求点距离计算

接着,右击打开图层"bus_old_dis"的属性表,选择"表选项",分别添加计算人口规模影响因子 V_j 需要的参数,包括公共交通车站等级规模影响因子 S、需求点人口数 P 和人口规模影响因子 V_j,如图 8-28 所示。其次,右键单击"bus_old_dis"图层→选择"连接"和"关联→连接",打开对话框将"bus_old_dis"和"old_point_pro"属性表按"NEAR_FID"和"FID"字段进行属性表连接,如图 8-29 所示。

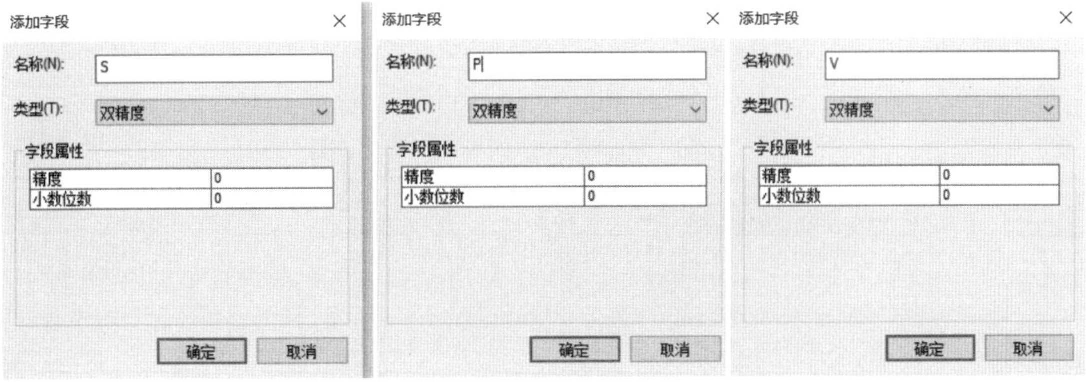

图 8-28　字段添加

计算上一步添加的字段。首先,右击打开图层"bus_old_dis"的属性表,分别右击"S"字段、"P"字段和"V"字段→"字段"→"字段计算器",计算 3 个字段的对应数值,如图 8-30 所示。其次,将每个公共交通车站的人口规模影响因子进行汇总:属性表右键单击"INPUT_FID"→"汇总",如图 8-31 所示,汇总字段选择"INPUT_FID",人口规模影响因子"V"字段选择"总和",并将汇总表导出为"Sum_old_bus_V.dbf"。

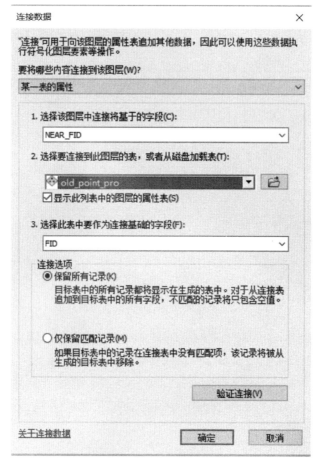

图 8-29 属性表连接

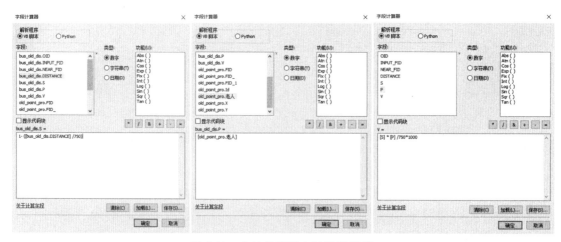

图 8-30 人口规模影响因子 V_j 计算

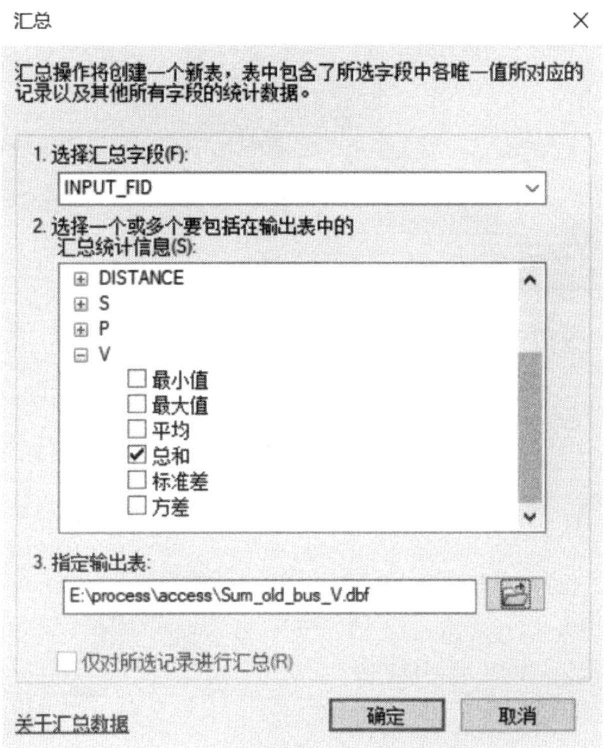

实验八 老年人公共交通可达性和公平性分析

图 8-31 人口规模影响因子汇总计算

(2) 计算公共交通可达性。

计算搜索半径内人口需求点到公共交通车站的距离。使用分析工具中的点距离工具："ArcToolbox"→"分析工具"→"邻域分析"→"点距离"，如图 8-32 所示，得到需求点搜索半径内可达公共交通车站的距离，导出表"old_bus_dis"，并将其加载至 ArcMap 中。

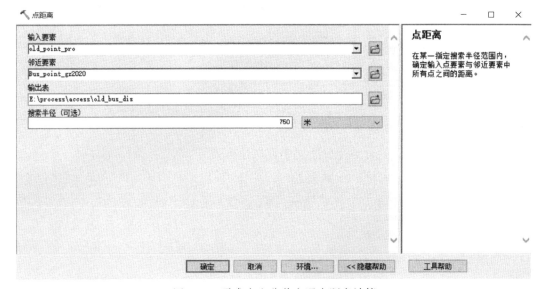

图 8-32 需求点和公共交通点距离计算

首先，为计算可达性，需要公共交通车站需求点和公共交通点距离计算 S、车站供给能力权重 M、需求点到车站距离 D 和人口规模等级影响因子 V。因此，打开"old_bus_dis"的属性表→"表选项"→添加字段"S""M""V"和"Access"，如图 8-33 所示。

图 8-33　字段添加

其次，将已知参数的属性表进行连接：右击"old_bus_dis"图层→"连接和关联"→"连接"，打开对话框将"old_bus_dis"分别和"Bus_point_gz2020""old_point_pro""Sum_old_bus_V"3 个表进行属性表连接，如图 8-34 所示。并根据连接表格分别计算字段"S""M""V""Access"：打开"old_bus_dis"属性表→右击相应字段→"字段计算器"，如图 8-35 所示。

图 8-34　字段连接

(3) 计算需求点搜索半径内综合公共交通可达性指数。

首先，打开"old_bus_dis"图层的属性表，右击"INPUT_FID"字段，对"Access"字段汇总，如图 8-36 所示，得到公共汽电车的可达性汇总表"Sum_old_bus_Access.dbf"，同理计算得到轨道交通的可达性汇总表"Sum_old_subway_Access.dbf"，并将其均加载至 ArcMap 中。

实验八　老年人公共交通可达性和公平性分析

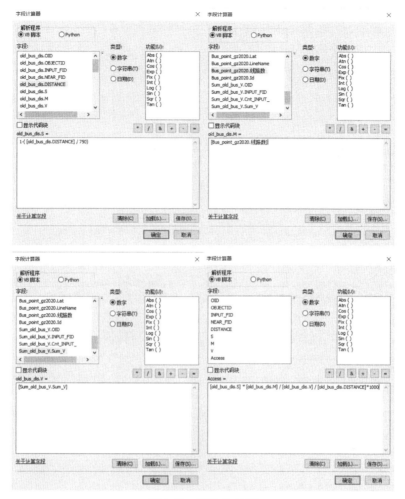

图 8-35　可达性计算

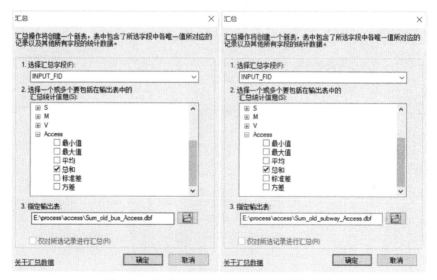

图 8-36　需求点搜索半径内可达性指数汇总

其次，将公共汽电车可达性指数和轨道交通可达性指数转换至同一衡量体系下，计算综合公共交通可达性指数。右键单击"old_point_pro"图层，选择"连接和关联"→"连接"，打开对话框将"old_point_pro"分别和"Sum_old_bus_Access""Sum_old_subway_Access"进行属性表连接，如图 8-37 所示。属性表连接之后，将"old_point_pro"图层导出：右击"old_point_pro"图层→"数据"→"导出数据"，如图 8-38 所示，数据保存为"old_point_access_index.shp"。

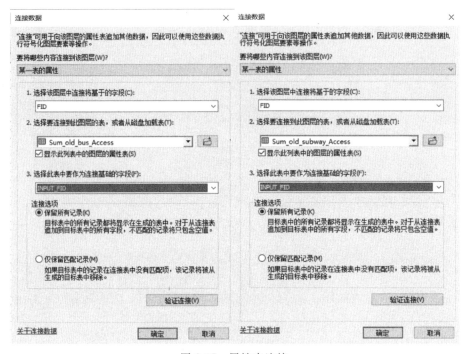

图 8-37　属性表连接

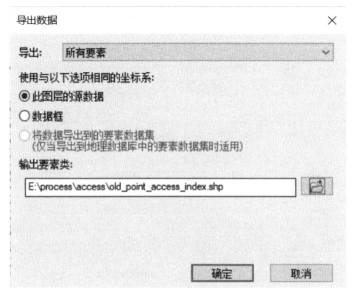

图 8-38　数据导出

实验八　老年人公共交通可达性和公平性分析

最后,打开"old_point_access_index"的属性表,添加字段"tra_Ace",并计算得到最终公共交通可达性指数,如图 8-39 所示。将可达性指数点数据转换为面数据格式,并可视化公共交通可达性指数。导入"grid500_old"数据,右键单击"grid500_old"图层,选择"连接和关联"→"连接",打开对话框将"grid500_old"和"old_point_access_index"按"Id"字段进行属性表连接。然后将"grid500_old"图层导出:右击"grid500_old"图层→"数据"→"导出数据"选择→"old_grid_access_index. shp",如图 8-40 所示。最终公共交通供给指数空间分布结果如图 8-41 所示。

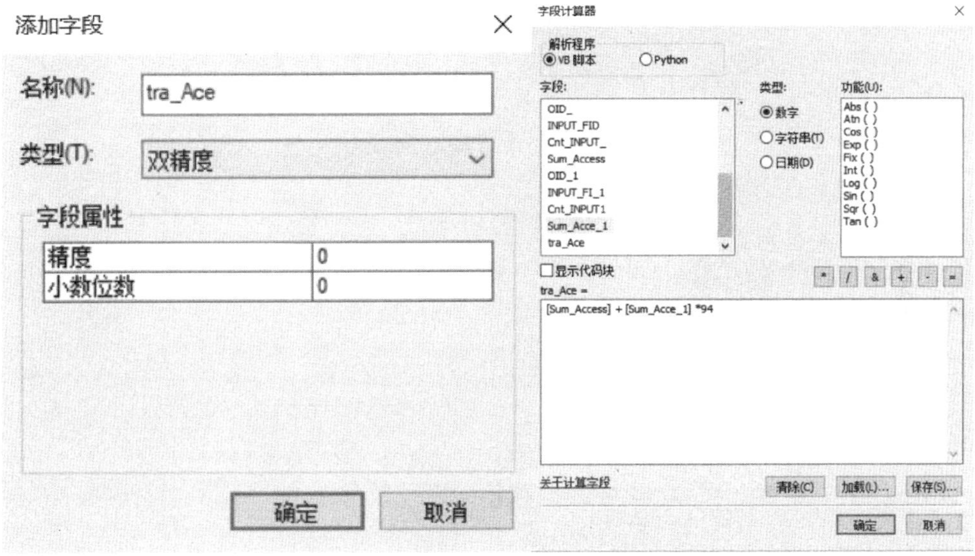

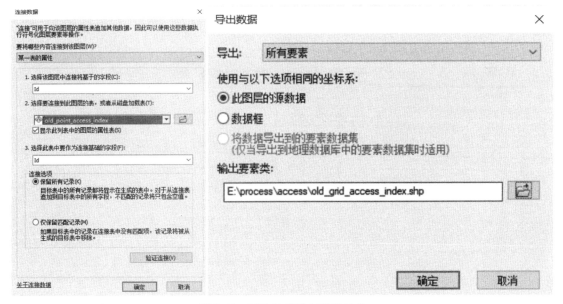

图 8-39　综合公共交通可达性指数计算

图 8-40　可达性指数面数据导出

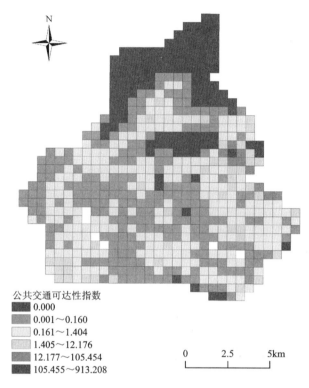

图 8-41　公共交通可达性指数空间分布

2) 公共交通供需平衡特征分析

(1) 创建空间权重矩阵。

首先,打开 GeoDa 软件,加载"old_grid_access_index.shp"数据:选择"文件"→导入 shp 格式,如图 8-42 所示。

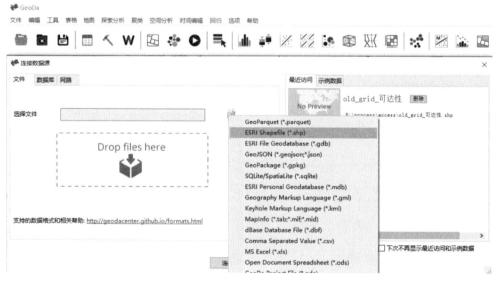

图 8-42　导入老年人公共交通可达性数据

其次，对"old_grid_access_index"数据构建空间权重矩阵：工具栏→"空间权重管理"→空间权重管理对话框选择"创建"，在邻接空间权重中选择"Queen 邻接"，邻接的秩选择"1"，如图 8-43 所示，并将权重文件保存为"可达性_权重.gal"。

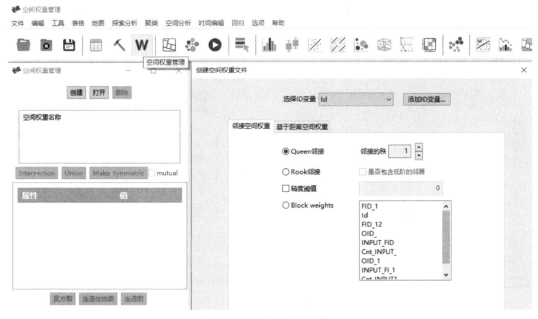

图 8-43　空间权重矩阵构建

(2)计算双变量局部莫兰指数。

打开 GeoD 软件，执行以下操作：空间分析"→变量设置(第一变量选择可达性，第二变量选择老年人数量)→空间权重选择上一步建立的权重，如图 8-44 所示。最终公共交通可达性和老年人需求供需匹配结果如图 8-45 所示。

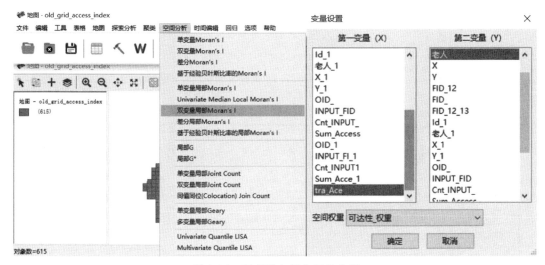

图 8-44　双变量空间自相关分析

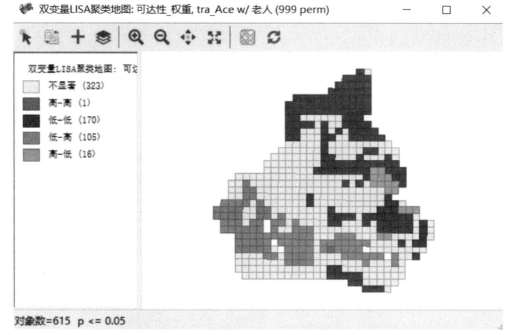

图 8-45 公共交通可达性和老年人需求供需匹配模式

表 8-1 和表 8-2 为实验流程文件和变量说明。

表 8-1 实验过程文件及属性说明一览表

文件名称	属性说明
old_point_pro	老年人口数量格网点数据（500m×500m 精度）
Bus_point_gz2020	公共汽电车车站位置数据
Subway_point_gz2020	轨道交通车站位置数据
old_bus_dis	老年人口需求点搜索半径内到公共汽电车车站欧氏距离数据
old_subway_dis	老年人口需求点搜索半径内到轨道交通车站欧氏距离数据
Sum_old_bus_dis	公共汽电车供给指数汇总表
Sum_old_subway_dis	轨道交通供给指数汇总表
old_point_supply_index	老年人口的公共交通供给指数点数据
old_grid_supply_index	老年人口的公共交通供给指数面数据
bus_old_dis	公共汽电车搜索半径内到老年人需求点欧氏距离数据
Sum_old_bus_V	公共汽电车的人口规模影响因子汇总表
Sum_old_bus_Access	公共汽电车可达性指数汇总表
Sum_old_subway_Access	轨道交通可达性指数汇总表
old_point_access_index	老年人口的公共交通可达性指数点数据
old_grid_access_index	老年人口的公共交通可达性指数面数据

表 8-2　实验过程变量及说明

变量名称	说明
字段 F	式(8-2)中:衰减函数
字段 M	公共交通车站供给能力权重
字段 F_M	式(8-1)中:衰减函数×供给能力权重
字段 bus_supply	式(8-1)中:公共汽电车供给指数
字段 subway_supply	式(8-1)中:轨道交通供给指数
字段 tra_supply	式(8-1)中:综合公共交通供给指数
字段 V	式(8-5)中:公共交通车站服务范围内人口规模影响因子
字段 S	式(8-5)中:公共交通车站等级规模对需求点的影响因子
字段 P	式(8-5)中:需求点老年人口数量
字段 Access	式(8-4)中:公共交通可达性指数
字段 tra_Ace	式(8-4)中:综合公共交通可达性指数

参 考 文 献

柴蕾,陈澄静,高枫,等,2024.广州市老幼群体公共交通资源配置公平性研究[J].城市交通,22(1):42-52,84.

程敏,连月娇,2018.基于改进潜能模型的城市医疗设施空间可达性:以上海市杨浦区为例[J].地理科学进展,37(2):266-275.

浩飞龙,张浩然,王士君,2021.基于多交通模式的长春市公园绿地空间可达性研究[J].地理科学,41(4):695-704.

黄晓燕,曹小曙,2022.时空间行为视角下交通与社会排斥研究进展[J].地理科学进展,41(1):107-117.

戢晓峰,姜莉,陈方,2018.欠发达地区城市公交底线公平的空间分异特征及成因分析:以云南省为例[J].人文地理,33(1):124-129.

李博闻,黄正东,蒯希,等,2021.基于空间公平理论的公共交通服务评价:以深圳市为例[J].地理科学进展,40(6):958-966.

李苗裔,龙瀛,2015.中国主要城市公交站点服务范围及其空间特征评价[J].城市规划学刊(6):30-37.

李旻芮,高悦尔,史志法,等,2022.基于公平视角的城市公共交通资源空间分布研究:以厦门市为例[J].城市发展研究,29(3):28-33.

彭菁,罗静,熊娟,等,2012.国内外基本公共服务可达性研究进展[J].地域研究与开发,31(2):20-25.

王姣娥,熊美成,黄洁,2022.时空约束下的地铁可达性研究:以北京为例[J].地理科学,42(1):83-94.

DELBOSC A,CURRIE G,2011. Using Lorenz curves to assess public transport equity[J]. Journal of Transport Geography,19(6):1252-1259.

FAN Y L,ALLEN R,SUN T S,2014. Spatial mismatch in Beijing,China:implications of job accessibility for Chinese low-wage workers[J]. Habitat International,44:202-210.

LIAO S,GAO F,FENG L, et al. , 2023. Observed equity and driving factors of automated external defibrillators:a case study using wechat applet data [J]. ISPRS International Journal of Geo-Information,12(11):444.

LITMAN T,2002. Evaluating transportation equity[J]. World Transport Policy Practice,8(2):50-63.

RICCIARDI A M, XIA J H, CURRIE G, 2015. Exploring public transport equity between separate disadvantaged cohorts:a case study in Perth,Australia[J]. Journal of Transport Geography,43:111-122.

实验九

学校选址与学区配置分析

一、实验场景

城市教育设施,作为公共服务设施的关键组成,其服务水平的提升不仅关乎国计民生,更在推动公共服务设施建设、实现教育公平等方面扮演着重要角色。基础教育,是指中小学教育,其作为政府主导的社会公益性项目,为适龄人群提供素质教育服务,是国民教育体系中不可或缺的基础与先导。然而,随着城市地区的日益扩展,基础教育设施面临数量短缺、空间布局失衡、学校规模设置不合理、学区划分不当等一系列问题(高军波等,2010)。为顺应中国教育发展的基本规律,基础教育设施的设置需针对中小学生的行为特征进行适应性调整。面对当前挑战,优化规划布局、加快设施建设已刻不容缓。

自中国义务教育制度实施以来,学区制也随之应运而生。其核心理念在于保障就学机会的公平性和就近入学的便捷性。学区制通过综合考虑学校规模、居民需求、就学时间等因素,将教育资源在学区范围内进行整合,确保学区内适龄儿童享有均等的教育机会,推动城市教育的均衡发展。当前,教育部门在进行学区划分时,主要依据"学校划片招生,生源就近入学"的原则,并参考中小学教育的专项布局规划。但值得注意的是,"就近入学"中的"就近"并非指直线距离最近,而是相对就近的概念。由于人口分布不均、学校布局失衡、街区形状不规则等多重因素的叠加影响,简单以直线距离划分学区可能导致教育资源的错配。因此,在学区划分工作中,必须全面考虑地区生源数量、学校布局等多维度因素,以实现教育资源的优化配置和均衡分布,确保每一位适龄儿童都能享受到公平而优质的教育资源。

近年来,随着GIS应用在国内的普及,GIS应用于教育资源配置的研究也陆续在一些高校开展起来。目前国内教育设施空间布局的研究主要集中在中小学教育设施布局规划、优质教育资源的配置、入学可达性以及学校规划调整方面(艾文平,2016)。胡思琪等(2012)以时间可达性为参考依据,利用GIS技术构建教育设施布局均等化的定量评价模型,从可达时间适宜度、人口比例适宜度和办学规模适宜度3个方面展开评价,可为区域规划中教育设施的均等化布局提供参考。张霄兵(2008)以沈阳市和平区中小学布局规划为例,通过对人口空间分布、可达性、学校容量与周围人口平衡关系、学校现状情况以及用地性质影响,利用GIS空间分析确定选址最优区位和评价指标,从空间分布和学校容量两方面对学校的现状与原规划做出评估,提出了小学规划的改进方案。宋小冬等(2014)以供需关系为主线、密度分析为基础,对传统规划方法进行改进,运用 GIS 技术对核密度分析法、圆形临近分配法、网络服务区分析法进行比较,以河南省漯河市中心城区为例,对所探讨的方法进行应用与验证,对近期的小学新建、扩建、撤销提出建议。

本实验利用 A 城区道路网、居民点和学校等相关数据,结合网络分析方法,考虑学校容量限制最大范围覆盖居民点,对 A 城区进行学区划分与学生配置,并学习构建网络分析模型。

二、实验目标与内容

1. 实验目标与要求

(1)强化对网络分析的理解。
(2)熟悉掌握构建选址配置和模型构建的方法。
(3)结合实际,培养利用数据进行选址与配置分析的能力。

2. 实验内容

(1)网络数据集构建。
(2)有容量限制的最大覆盖范围。
(3)网络分析模型构建。

三、实验数据与思路

1. 实验数据

本实验采用 A 城区道路网、居民点和学校等数据。具体而言,道路网有道路长度属性,居民点有新生数量属性,学校是该地区可布置小学的位置,有学校可容纳学生数量属性。

具体实验数据如表 9-1 所示。

表 9-1 数据明细表

数据名称	类型	描述
A_boundary	SHP	A 城区居民区边界面数据
A_residents	SHP	A 城区居民点数据
A_road	SHP	A 城区道路网数据
A_school	SHP	A 城区学校点数据

2. 实验思路

本实验通过道路网建立网络数据集,按照需求和供给完成初步设置,根据学校容量限制,最大范围覆盖居民点进行学校选址和学生配置,并构建网络分析模型。

1)网络数据集

网络数据集是 ArcGIS 中网络分析的基本数据模型。它由网络要素、节点、边、权重和属性等组成。网络要素包括道路、管道、河流等线状要素,节点是网络要素的端点,边是网络要素之间的连接,权重是描述在边上移动所需的成本或时间,属性是与网络要素和节点相关联的其他信息。

2)选址与配置

目标可能是使请求点(居民点)和设施点(学校)之间的整体距离最小、使距设施点一段距离内所能覆盖的请求点数目最多、随距设施点距离的增加而减少的分配需求量最大,或在友好的竞争设施点环境中所能获得的需求量最大。

具体实验流程如图 9-1 所示。

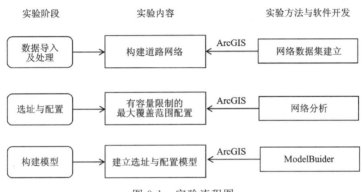

图 9-1　实验流程图

四、实验步骤

1. 建立网络数据集

依次点击界面上方菜单栏中"Customize"—"Extenions",勾选"Network Analyst",如图 9-2 所示。

在 ArcGIS 的内容管理器中将 A_boundary、A_residents、A_road、A_school 数据导入。调出"Catalog"窗口,鼠标右键点击"A_road.shp",选用快捷菜单中"新建网络数据集 New Network Dataset",依次进行如下操作。

(1)输入网络数据集名称:A_road_ND,点击下一页。

(2)是否在此网络中构建转弯模型:选择"No",点击下一页。

(3)点击"Connectivity",勾选"A_road",按"确定"键返回,点击下一页。

(4)如何对网络要素的高程进行建模:选择"None",点击下一页。

(5)此时会出现"为网络数据集指定属性"的提示,直接点击下一页。

(6)行驶方向参数设置:无需调整设置,点击下一页。

(7)直到"是否要为此网络数据集建立行驶方向设置":选择"No",点击下一页。

(8)出现"Summary"提示框,按"Finish"键(图 9-3)。

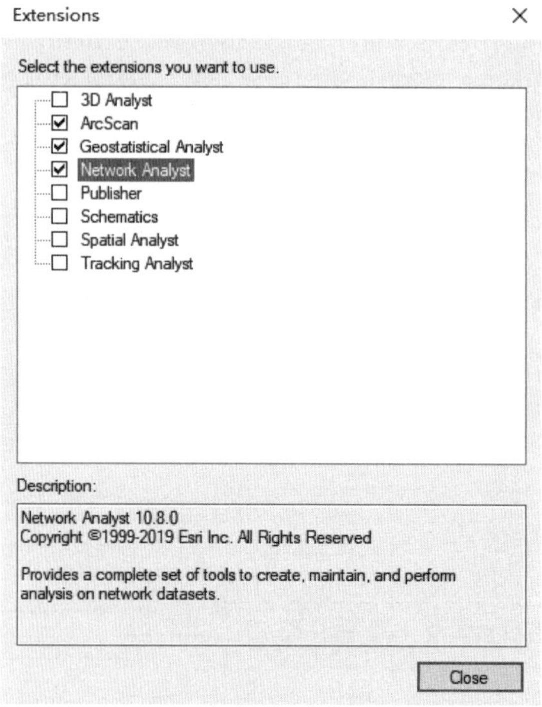

图 9-2　选用 Network Analyst

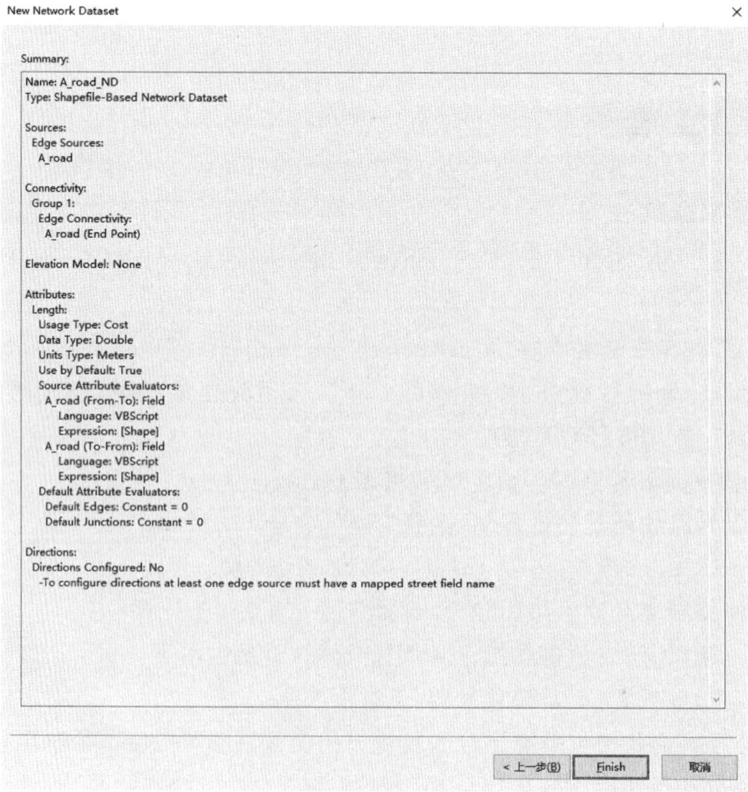

图 9-3　摘要内容

（9）新网络数据集已创建，是否构建：点击"Yes"；

（10）是否将要素"A_road_ND"中的所有要素类添加到地图：点击"No"，此时网络数据集已构建完成，"A_road_ND"的边被加载。内容列表如图 9-4 所示。

在菜单栏选用"Customize"—"Toolbars"—"Network Analyst"，弹出网络分析菜单条，点击网络分析菜单中的 ，弹出网络分析窗口。在网络分析菜单条中选择"Network Analys"—"New Location－Allocation"。此时，内容列表中出现 1 个特殊图层组，网络分析窗口也出现了 6 个目录，如图 9-5 所示。

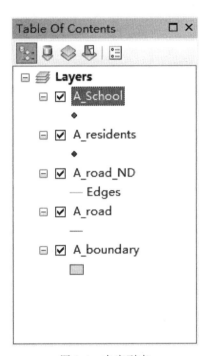
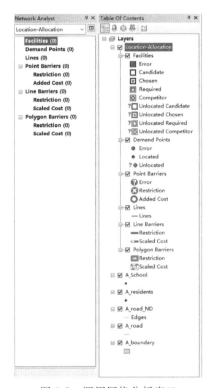

图 9-4　内容列表　　　　图 9-5　调用网络分析窗口

鼠标右击"Facilities(0)"，选择快捷菜单中"Load Allocations"，在出现的对话框中进行设置，如图 9-6 所示。第一行"Load From："，下拉表中选择图层"A_school"；属性 Name 右侧，下拉选择字段名"Name"；属性 Capacity 右侧，下拉选择字段名"Volume"；"Search Tolerance"项中输入 300，"单位"下拉选择"Meters"，按"OK"键返回。可以看到网络分析窗口中，设施点数量从 0 变为 16。

鼠标右击"Demand Points(0)"，选择快捷菜单中"Load Allocations"，在出现的对话框中进行设置，如图 9-7 所示。第一行"Load From："，下拉表中选择图层"A_resident"；属性 Name 右侧，下拉选择"FID"；属性 Weight 右侧，下拉选择字段名"新生人数"；"Search Tolerance"项中输入 300，"单位"下拉选择"Meters"，按"OK"键返回。此时，可以看到网络分析窗口中，请求点数量从 0 变为 52。

图 9-6　设施点加载位置设置

图 9-7　请求点加载位置设置

2. 选址与配置

在网络分析窗口右上角点击 ▤，在出现对话框中点击"Analysis Settings"选项，如图 9-8 所示进行设置："Impedance"选择"Length（Meters）"，"Travel From"选择"Demand to Facility"。

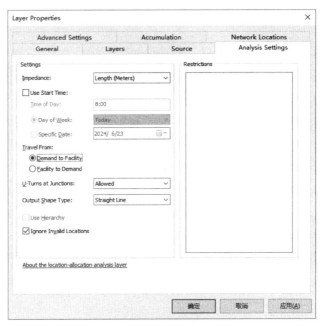

图 9-8　分析设置

点击"Accumulation"选项，勾选"Length"，如图 9-9 所示。

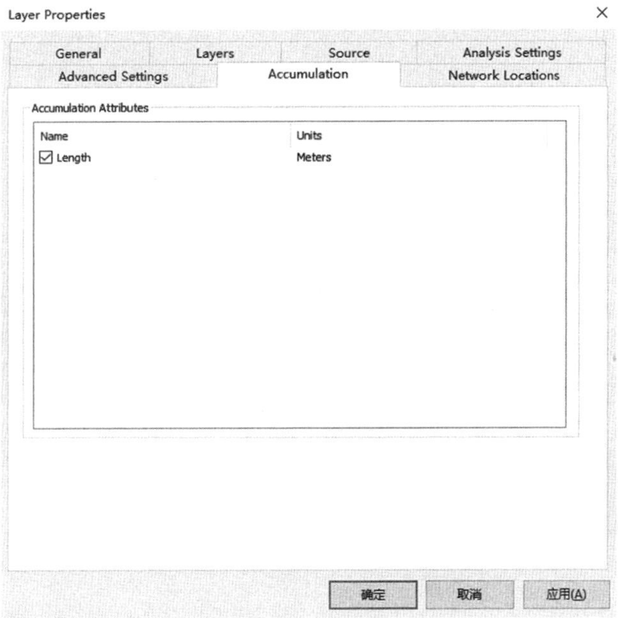

图 9-9　累积设置

如图 9-10 所示，进入"Advanced Settings"选项，在"Problem Type"下拉菜单中选择"Maximize Capactitated Coverage"，"Facilities To Choose"输入 16，其他设置均默认，点击确定。

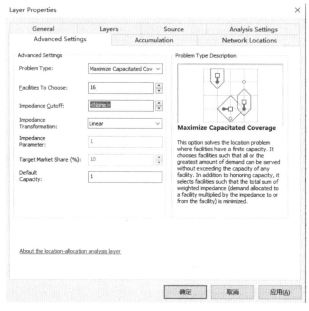

图 9-10　高级设置

在网络分析条中点击 ![图标] 进行求解，为每个居民点配置上学的学校，图 9-11 所示为配置结果。

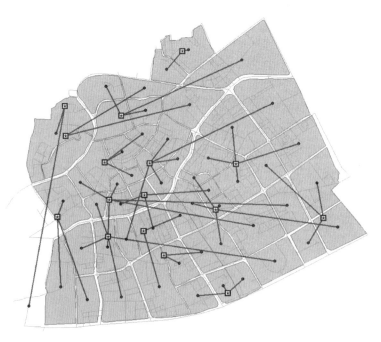

图 9-11　有容量限制的最大覆盖范围选址与配置

计算结果汇总。在网络分析窗口中，鼠标右击“Facilities(16)”—“Open Attribute Table”，查看分析结果。如图 9-12 所示，“Capacity”代表学校的容量，“DemandWeight”代表新生人数。鼠标右击“TotalWeighted_Length”字段，选择“Statistics”，得到人数×距离总量为 4 339 471.276 945，同理对“DemandWeight”进行统计，得到总人数为 4371，折算人均距离为 992.8m。

Table

Facilities

ObjectID	Shape	Name	FacilityType	Weight	Capacity	DemandCount	DemandWeight	SourceID	SourceOID	PosAlong	SideOfEdge	CurbApproach	Status	Total_Length	TotalWeighted_Length
1	Point	B小学	Chosen	1	280	5	279	A_road	431	.576732	Right Side	Either side of vehicle	OK	3295.13849	238822.954857
2	Point	C小学	Chosen	1	280	2	267	A_road	263	.641095	Left Side	Either side of vehicle	OK	908.252418	116322.590781
3	Point	D小学	Chosen	1	415	6	415	A_road	719	.600245	Left Side	Either side of vehicle	OK	4532.033109	370728.534783
4	Point	E小学	Chosen	1	190	3	186	A_road	511	.796300	Right Side	Either side of vehicle	OK	2641.101286	186392.652118
5	Point	F小学	Chosen	1	235	3	207	A_road	745	.558965	Left Side	Either side of vehicle	OK	1463.474004	101078.118441
6	Point	G小学	Chosen	1	370	4	332	A_road	301	.985702	Right Side	Either side of vehicle	OK	4616.274532	427338.224443
7	Point	H小学	Chosen	1	325	3	287	A_road	1017	.322415	Right Side	Either side of vehicle	OK	2640.973198	250784.779706
8	Point	L小学	Chosen	1	190	2	183	A_road	962	.566988	Right Side	Either side of vehicle	OK	3660.80927	344248.508127
9	Point	M小学	Chosen	1	280	4	275	A_road	706	.461986	Right Side	Either side of vehicle	OK	2317.345027	174420.939262
10	Point	N小学	Chosen	1	235	3	226	A_road	406	.771793	Right Side	Either side of vehicle	OK	2318.051595	177205.01819
11	Point	O小学	Chosen	1	235	2	186	A_road	1171	.992901	Left Side	Either side of vehicle	OK	890.095013	82778.836185
12	Point	R小学	Chosen	1	280	2	268	A_road	303	.280971	Left Side	Either side of vehicle	OK	1514.448646	237799.5345
13	Point	S小学	Chosen	1	450	2	318	A_road	1040	.235013	Left Side	Either side of vehicle	OK	3320.706806	757780.743596
14	Point	T小学	Chosen	1	330	5	330	A_road	512	.502012	Left Side	Either side of vehicle	OK	6190.645145	520691.329861
15	Point	U小学	Chosen	1	300	3	298	A_road	421	.451793	Left Side	Either side of vehicle	OK	2111.776474	187769.507114
16	Point	V小学	Chosen	1	320	3	309	A_road	79	.564581	Right Side	Either side of vehicle	OK	1944.639356	165364.006191

图 9-12　设施点属性表

3. 构建模型

1)创建选址与配置网络分析图层

在菜单栏中点击模型构建器按钮 ，调出模型构建器窗口。将数据“A_road_ND”拖放至模型构建器窗口中；打开工具箱“Network Analyst Tools”—“Analysis”，将“Make Location-Allocation Layer”拖放至模型构建器中，右击“Network Analyst Layer”，在快捷菜单栏中点击“Add to Display”，如图 9-13 所示。

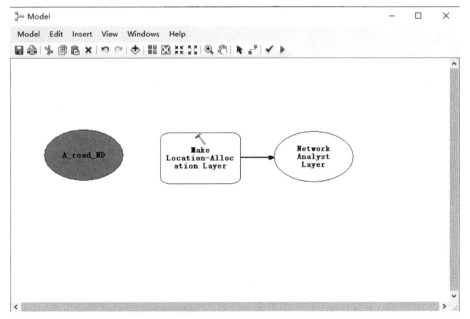

图 9-13　将数据、工具拖动到模型构建器中

在模型构建器中,点击工具条的连接符工具,先点击数据"A_road_ND",再点击工具"Make Location-Allocation Layer",在弹出的快捷窗口中选择"Input Analysis Network"。双击工具"Make Location-Allocation Layer",进一步做如下设置(图9-14)。

(1)"Travel From"选择"DEMADN_TO_FACILITY";

(2)"Location-Allocation Problem Type"选择"MAXIMIZE_CAPACITATED_COVERAGE;

(3)"Number of Facilities to Find"填"16";

(4)"Impedance Transformation"选择"LINEAR";

(5)展开"Accumulators"选项,勾选"Length"。

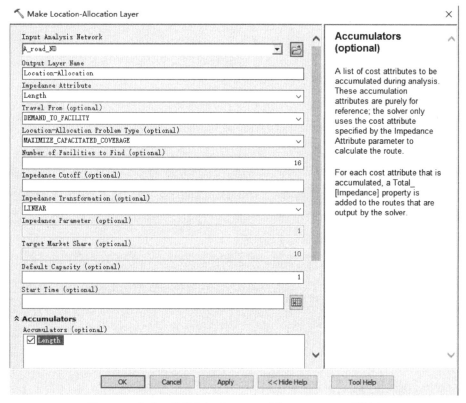

图9-14 完成工具"Make Location-Allocation Layer"设置

得到构建选址与配置网络分析图层,如图9-15所示。

2)加载设施点

打开工具箱"Network Analyst Tools"—"Analysis",将"Add Locations"拖放至模型中,并用连接符将"Network-Allocation"连接至"Add Locations",弹出的快捷菜单选择"Input Network Analysis Layer",结果如图9-16所示。

实验九　学校选址与学区配置分析

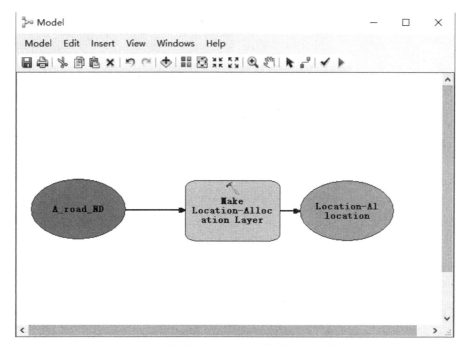

图 9-15　构建选址与配置网络分析图层结果

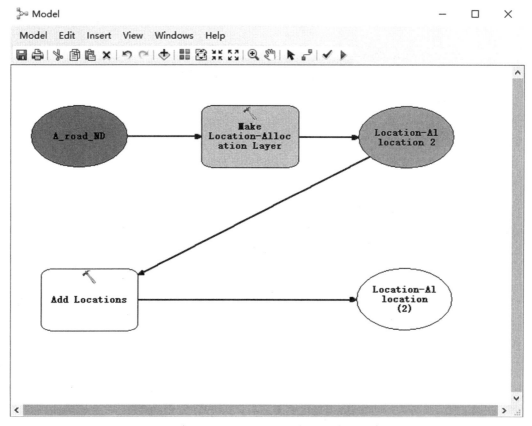

图 9-16　将"Add Locations"工具拖动到模型构建器中

双击"Add Locations",进一步设置,在"Sub Layer"下拉菜单中选择"Facilities","Search Tolerance"输入"300",单位选择"Meters",其他保持默认,如图9-17所示。

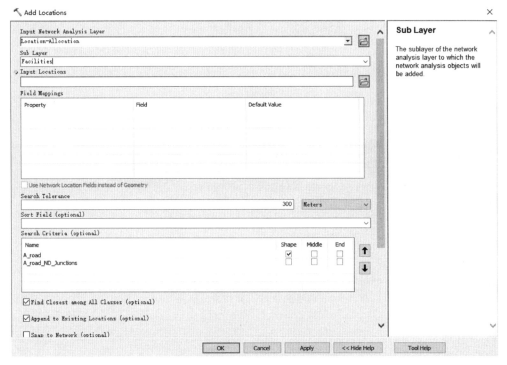

图 9-17　完成"Add Locations"设置

右击选择"Add Locations"—"Make variable"—"From Parameter"—"Input Location"以及"Field Mappings";依次右击"Input Location"和"Field Mappings"选择"Rename"对其修改昵称,"Input Location"改为"Input Facilities","Field Mappings"改为"Facilities Field Mappings"。依次右击"Input Facilities"和"Facilities Field Mappings",勾选"Model Parament"将其设置为需要输入的参数,图9-18所示为加载设施点结果。

3) 加载需求点

与加载设施点步骤类似,打开工具箱"Network Analyst Tools"—"Analysis",将"Add Locations"拖放至模型中,并用连接符将"Network-Allocation"连接至"Add Locations",弹出的快捷菜单选择"Input Network Analysis Layer",结果如图9-19所示。

双击"Add Locations(2)",在"Sub Layer"下拉菜单中选择"Demand Points","Search Tolerance"输入"300",单位选择"Meters",其他保持默认,如图9-20所示。

右击"Add Locations(2)"—"Make variable"—"From Parameter"—"Input Location"以及"Field Mappings";依次右击"Input Location"以及"Field Mappings"选择"Rename"对其修改昵称,"Input Location"改为"Input Demand Points","Field Mappings"改为"Demand Points Field Mappings"。依次右击"Input Demand Points"和"Demand Points Field Mappings",勾选"Model Parament"将其设置为需要输入的参数。加载需求点结果如图9-21所示。

实验九　学校选址与学区配置分析

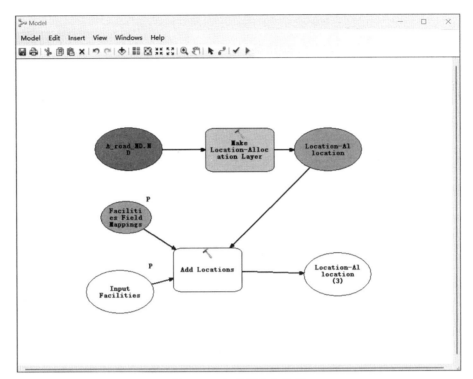

图 9-18　加载设施点结果

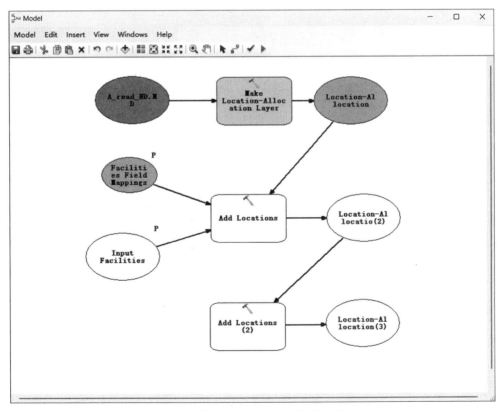

图 9-19　将"Add Locations"拖放至画布

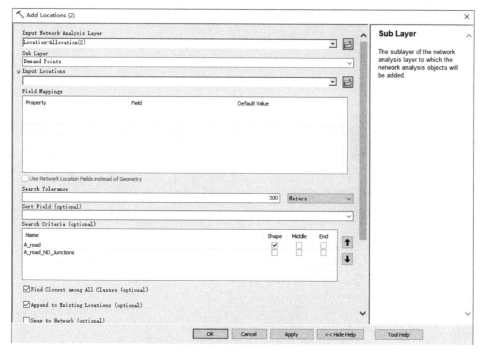

图 9-20 完成"Add Locations(2)"设置

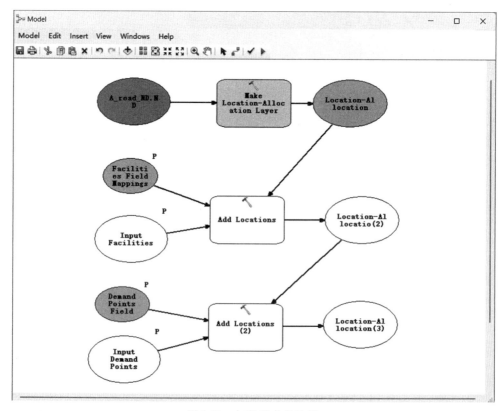

图 9-21 加载需求点结果

打开工具箱"Network Analyst Tools"—"Analysis",将"Solve"拖放至模型中,并用连接符将"Location-Allocation(3)"连接至"Solve",弹出的快捷菜单中选择"Input Network Analysis Layer"。至此整个模型已构建完成,结果如图 9-22 所示。

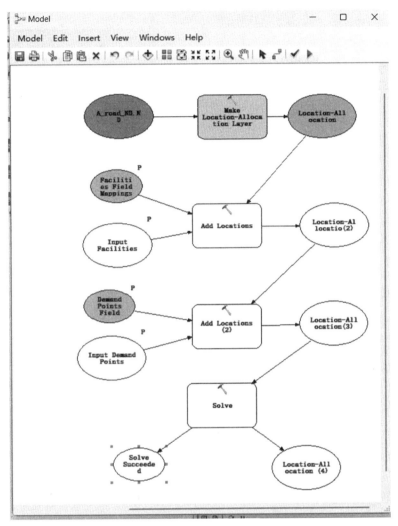

图 9-22　加载"Solve"工具

在模型构建器中使用"Add Locations"工具,输入数据来自尚未运行的前一个工具,则"Add Locations"工具需要的参数可能是空的,无法正确设置属性表。遇到这种情况,可先运行前置工具,右击"Make Location-Allocation Layer",选用快捷菜单栏中的"Run"。双击"Input Facilities",在下拉菜单中选择"A_school",即选择学校为设施点,如图 9-23 所示。

双击"Facilities Field Mappings",如图 9-24 所示进行设置,设置学校容量。

双击"Input Demand Points",在下拉菜单中选择"A_resident",即选择居民点为需求点,如图 9-25 所示。

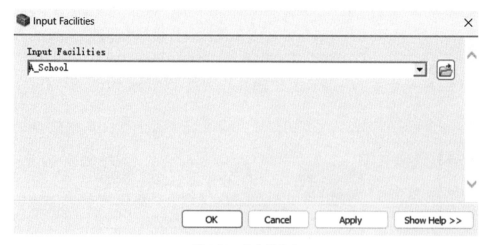

图 9-23　输入设施点

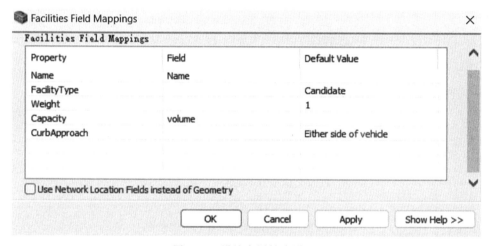

图 9-24　设施点属性表设置

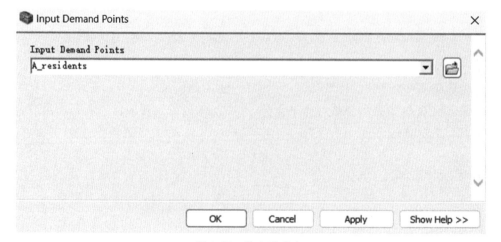

图 9-25　输入需求点

双击"Demand Points Field Mappings",如图 9-26 所示,设置学生人数为权重。

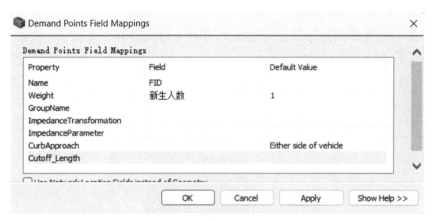

图 9-26　需求点属性表设置

最终得到的模型如图 9-27 所示。

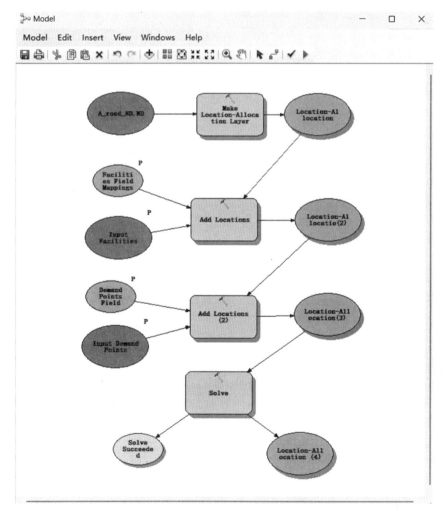

图 9-27　学校选址与学生配置模型构建

依次右击黄色按钮,点击"Run",右击"Location－Allocation(4)"—"Add to Display"结果如图 9-28 所示。本实验多次使用"Add Location"工具,输入的网络分析图层数据必须存在,否则无法正常设置属性表,为此需要先运行前置工具的部分。其他工具一般不需要事先确定输入数据,就可一次完成设置和构建。此外,选址配置模型还有设施数量最少、交通成本最低等其他优化目标,但仅有容量限制的最大覆盖范围的优化方式考虑到学校容量的问题,因此选择该方式进行学校选址与学生配置。

图 9-28 学校选址与学生配置结果

高军波,周春山,叶昌东,2010.广州城市公共服务设施分布的空间公平研究[J].规划师(26):12-18.

艾文平,2016.基于多目标优化模型的城镇小学学区调整规划[D].广州:华南农业大学.

胡思琪,徐建刚,张翔,等,2012.基于时间可达性的教育设施布局均等化评价:以淮安新城规划为例[J].规划师,28(1):70-75.

张霄兵,2008.基于 GIS 的中小学布局选址规划研究[D].上海:同济大学.

宋小冬,陈晨,周静,等,2014.城市中小学布局规划方法的探讨与改进[J].城市规划,38(8):48-56.

实验十

基于点模式的职住空间分析

一、实验场景

随着城市化进程的加速,城市空间结构日益复杂,职住空间关系的重要性愈发凸显。职住空间分析关注居民居住地与工作地的空间分布关系及其对居民生活、交通和环境的影响。随着人口增长和经济发展,居民对居住环境和工作地点的要求提高,但空间分布常存在不平衡。这种不平衡加剧通勤负担、交通拥堵和环境污染。因此,深入分析职住空间关系,优化空间结构,对提升居民生活质量至关重要。

近年来,随着大数据技术的发展,特别是手机信令数据的应用,职住关系的研究得到了新的推动。周新刚等(2021)则聚焦于手机信令大数据在职住关系空间尺度问题上的探讨,以上海市和深圳市为例,从职住关系的测度和职住平衡能否缓解通勤问题两个方面,系统地梳理了职住关系分析中的尺度效应。孙喆等(2022)则使用手机信令数据提取居民的通勤流,分析了北京6个平原地区新城的职住关系特征。他们发现各新城的通勤流结构存在"流出相近、流入差异"的特征,并且通勤人数与职住比存在显著正相关。徐巍等(2024)利用手机信令大数据,对重庆市渝中区职工的通勤联系及平衡特征进行了深入分析;识别了具有稳定居住地与工作地的人群,探究了通勤联系,并分析了职住平衡特征;发现渝中区的职住结构在数量和质量上并不完全平衡,但相较于其他东部大城市已有明显改善。这些研究表明,手机信令数据作为一种新兴的数据源,不仅能够提供更为精确和实时的职住信息,还能够揭示不同空间尺度下的职住关系特征,为城市职住平衡的实现和交通规划的优化提供有力的数据支持。

点模式分析方法可以通过对居住地和就业地的空间分布进行可视化展示,帮助我们更直观地理解职住空间关系。同时,它还可以结合统计分析和数学模型,对职住关系进行量化分析,揭示其背后的规律和机制。这些分析结果可以为城市规划提供科学依据,指导我们制定更加合理、有效的空间规划策略。具体来说,我们可以根据空间点模式分析的结果,识别出居住和就业空间分布的主要区域与热点地区以及它们之间的关联和差异。在此基础上,针对不同地区制定差异化的空间规划策略。例如,在居住地和就业地分布较为集中的区域,我们可以加强公共交通设施建设,提高通勤效率;在居住地和就业地分布较为分散的区域,我们可以鼓励就近就业和居住,减少通勤距离。

本实验基于联通 DAAS 平台大数据,运用点模式分析方法,对广州市番禺区的职住地分布模式进行深入探究。通过分析居民居住地和工作地的空间数据,旨在揭示职住空间分布的规律和特征。通过借助空间点模式分析等工具,我们可以更好地理解和应对职住空间关系带来的挑战,为城市规划提供精准支持。

二、实验目标与内容

1. 实验目标与要求

(1)掌握空间点模式分析方法,并熟练运用。
(2)通过实验,分析并揭示居住点与工作点之间的空间分布模式,评估职住平衡度。
(3)熟练掌握 SuperMap iDesktopX 的使用方法。

2. 实验内容

(1)度量居住地和工作地的地理分布。
(2)居住地与工作地的关系分析。

三、实验数据与思路

1. 实验数据

本实验数据基于联通 DAAS 平台,从 2020 年 10 月广州市番禺区联通 DAAS 平台大数据中随机抽样 1000 条居民职住点数据构成实验数据集。数据格式为 CSV 格式,起点为某居民的居住地,终点为某居民的工作地。居民实际居住地和工作地可能与提供的 CSV 文件存在些许偏差,但不影响本实验的分析。职住线数据为 SHP 格式。

具体实验数据如表 10-1 所示。

表 10-1　数据明细表

数据名称	类型	描述
居住工作	SHP	番禺区职住线状矢量图层
home_work	CSV	番禺区职住点数据
番禺区	SHP	番禺区行政边界矢量图层

2. 思路与方法

本实验利用空间点模式分析方法,将居住点和工作点数据可视化为空间点图,并计算其分布模式。具体分析方法包括基于点要素的居住地与工作地的地理分布度量,以及基于线要素的职住关系地理分布度量。

(1)中心要素计算:分析过程中,计算每个要素质心与其他要素质心的累积距离,累积距离最小的要素即为最中心的要素。若指定了权重字段,则中心要素为加权后累积距离最小的要素。

(2)平均中心计算:平均中心的计算方法很简单,直接计算中心点的 x 坐标和 y 坐标即可,即所有点的 x 坐标和 y 坐标的平均值,计算公式为

$$\bar{x} = \frac{\sum_{i=1}^{n} x_i}{n}, \bar{y} = \frac{\sum_{i=1}^{n} y_i}{n} \tag{10-1}$$

若设置了平均中心的加权字段,则中心点的位置需要考虑权重值,计算公式为

$$\bar{x}_\omega = \frac{\sum_{i=1}^{n} \omega_i x_i}{\sum_{i=1}^{n} \omega_i}, \bar{y}_\omega = \frac{\sum_{i=1}^{n} \omega_i y_i}{\sum_{i=1}^{n} \omega_i} \tag{10-2}$$

式中:ω_i 为要素 i 处的权重。

(3)中位数中心计算:平均中心和中位数中心均是中心趋势度量。然而,中位数中心对极值(异常值)的敏感程度要低于平均中心。

(4)方向分布计算:方向分布可以反映要素的分布中心、离散趋势以及扩散方向等空间特征。该方法是由平均中心作为起点对 x 坐标和 y 坐标的标准差进行计算,从而定义椭圆的轴,因此该椭圆被称为标准差椭圆。椭圆方向即长半轴与正北方向的夹角。长半轴反映了离散程度较大的方向,短半轴反映了聚集程度较高的方向。长短半轴的值差距越大(扁率越大),表示数据的方向性越明显。反之,如果长短半轴越接近,表示方向性越不明显。如果长短半轴完全相等,就形成了一个圆,这意味着数据没有任何方向特征。

(5)平均最近邻计算:平均最近邻工具可测量每个要素的质心与其最近邻要素的质心之间的距离,然后计算所有这些最近邻距离的平均值。同时会得到最近邻指数,如果最近邻指数小于1,则表现的模式为聚类;如果指数大于1,则表现的模式趋向于扩散。如果该平均距离小于假设随机分布中的平均距离,则会将所分析的要素分布视为聚类要素。如果该平均距离大于假设随机分布中的平均距离,则会将要素视为分散要素。平均最近邻可以得出一份数据的具体聚集程度的指数,通过这个指数,可以对比不同数据中,哪个数据的聚集程度最大。

(6)线性方向平均值计算:线性方向平均值可用于分析线对象的主体方向,一般线状要素通常都会指向一个方向,即从起点的位置指向终点的方向。

(7)双变量 Ripley's K 函数计算:本实验中,双变量 Ripley's K 函数在单变量 Ripley's K 函数的基础上,可考虑每组居住地与工作地之间的距离,探讨职住关系之间存在聚集、随机或者离散关系。可通过 R 语言 spatstat 包中的 envelope 函数或 Kcross 函数实现。

具体实验流程如图 10-1 所示。

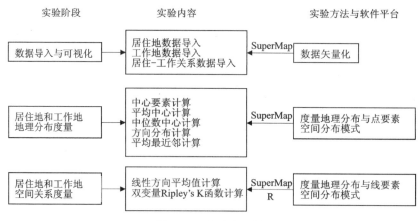

图 10-1 实验流程图

四、实验步骤

（1）对居民点和工作点数据进行可视化。首先，新建"职住关系.smwu"工作空间，在工作空间管理器的数据源下，创建新的文件型数据源"居住工作.udbx"。单击"开始"选项卡→选择"数据处理"→"数据导入"→"电子表格"。分别导入居住点数据和工作点数据。并保存到"居住"数据集和"工作"数据集中，如图10-2、图10-3所示。

图 10-2 居住点数据导入

实验十　基于点模式的职住空间分析

图 10-3　工作点数据导入

其次,单击"开始"选项卡→选择"数据处理"→"数据导入"→"ArcGIS",分别导入"居住工作.shp"和"番禺区.shp"至结果数据集"居住工作"和"番禺区"中,如图 10-4 所示。

图 10-4　居住工作数据和番禺区行政边界数据导入

• 185 •

最后，在工作空间管理器中，选中新加载的 4 个图层，右击选择"添加到新地图"，结果如图 10-5 所示。

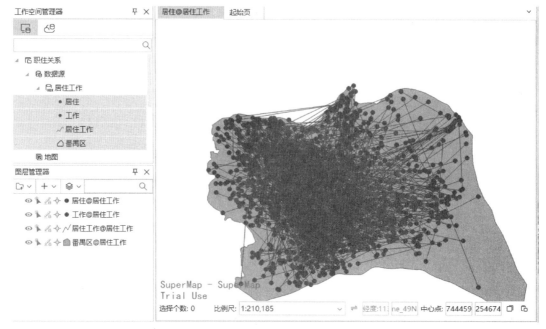

图 10-5　图层数据加载

(2)分别计算居民居住点、工作点的中心要素、平均中心和中位数中心，并进行可视化显示。以居住点数据和工作点数据的中心要素为例，选择"空间统计分析"选项卡→"度量地理分布"，分别对居住点和工作点图层选择"中心要素""平均中心"和"中位数中心"进行显示，并可视化。打开"中心要素"选项卡，进行如图 10-6 所示设置，单击选项卡右下角的运行符号，即可计算中心要素。

同理，分别计算居住点的平均中心和中位数中心，以及工作点的平均中心和中位数中心。如图 10-7 所示，将计算出来的 6 个中心位置加载到地图中，结果如图 10-8 所示。其中，居住中心用暖色显示，工作中心用冷色显示。从图中可看出，居民点的居住地中心要素、平均中心和中位数中心相比于工作地中心，都更偏西南。

(3)进一步，分别对居民点居住地和工作地的方向分布进行对比，单击"空间统计分析"选项卡→选择"度量地理分布"→"方向分布"，分别对居住点和工作点设置一个标准差椭圆大小的方向分布，具体参数设置如图 10-9 和 10-10 所示。

结果如图 10-11、图 10-12 所示。从图中可见，番禺区居住地分布呈现西北向东南延伸的分布趋势，而工作地分布主要集中在番禺区中部，呈现东西走向的分布。居住地和工作地分布都不存在明显的带状分布特征。

(4)单击"空间统计分析"选项卡，选择"分析模式"→"平均最近邻"，分别计算居住地和工作地的平均最近邻值，参数设置如图 10-13 和图 10-14 所示。其中，研究区域面积设置为 0 时，系统将自动将源数据集的最小外接矩形面积作为研究区域面积来计算。

实验十 基于点模式的职住空间分析

图 10-6 居住点中心要素参数设置   图 10-7 工作点中心要素参数设置

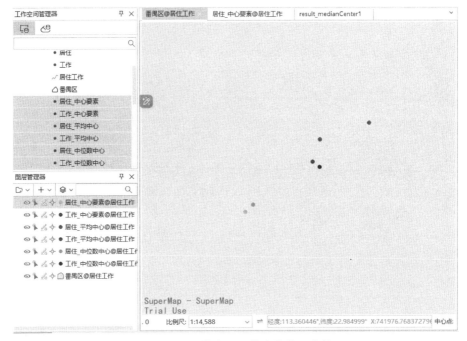

图 10-8 居住点和工作点的位置度量

图 10-9　居住点方向分布参数设置

图 10-10　工作点方向分布参数设置

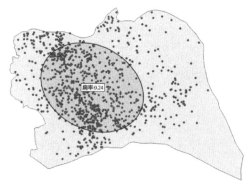
图 10-11　居住地方向分布

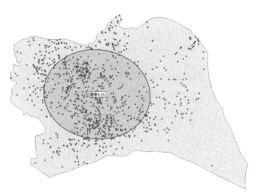
图 10-12　工作地方向分布

实验十 基于点模式的职住空间分析

图 10-13 居住地平均最近邻计算　　　图 10-14 工作地平均最近邻计算

结果如图 10-15、图 10-16 所示。居住点和工作点的平均最近邻值都约等于 0.011 8,显著小于 1,说明居住地和工作地的空间分布模式表现为聚集模式。

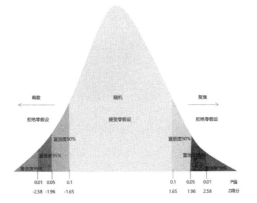

图 10-15 居住点的平均最近邻值

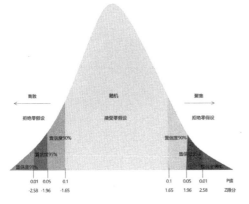

图 10-16 工作点的平均最近邻值

(5)针对每个居民"居住地—工作地"关系,分析其居住地到工作地的线性方向平均值。单击"空间统计分析"选项卡→选择"度量地理分布"→"线性方向平均值",源数据集选择"居住工作",结果数据保存在"居住工作"数据源的"居住工作线性方向平均值"中,具体参数如图 10-17 所示,结果如图 10-18 所示。从图中可见,居住地到工作地的指向为从西南向东北,与上面分析出来的居住地中心和工作地中心空间相对位置基本一致。

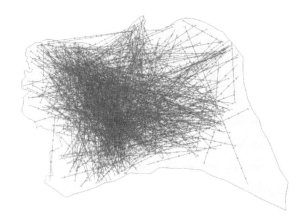

图 10-17　线性方向平均值参数设置　　　图 10-18　职住关系的线性方向平均值

(6)为更进一步分析居住地和工作地关系,使用双变量 Ripley's K 函数方法,计算居住地和工作地的邻近关系。该方法通过 R 语言 spatstat 包中的 envelop 函数或 Kcross 函数实现。打开 RStudio,使用 install.packages 命令安装所需要的外部包命令,并运行 code.R 程序,结果如图 10-19 所示。

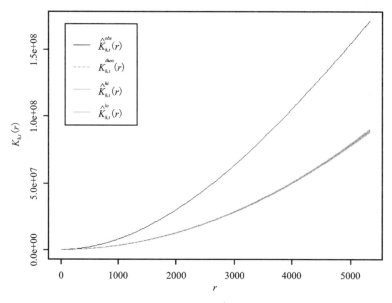

图 10-19　双变量 Ripley's K 函数结果

参 考 文 献

徐巍,戴技才,2024.基于手机信令的重庆市渝中区职住空间关系研究[J].黑龙江科学,15(7):1-5,10.

孙喆,路青,2022.基于手机信令数据的大都市新城职住关系:以北京为例[J].城市发展研究,29(12):53-61.

周新刚,孙晨晨,钮心毅,2021.基于手机大数据的职住关系空间尺度问题探讨:以上海市和深圳市为例[J].国际城市规划,36(5):78-85.

实验十一

基于迁徙数据的广东省城市网络结构分析

 一、实验场景

在全球信息化浪潮的推动下,伴随着互联网、大数据等先进信息技术的广泛应用以及现代化交通基础设施的日益完善,信息、人口和资本等诸多要素得以实现跨区域的快速流通。传统的"地方空间"概念正逐步被新兴的"流空间"所取代,城市间的联系状态也由过去静态的城市节点属性表达转变为如今动态的城市间流数据的多维度展现。近年来,国内外研究逐渐聚焦于利用实体"流"来刻画城市网络结构的新趋势,以更好地揭示和把握城市间互动发展的内在规律与特点(游悠洋等,2020)。

中国城市网络结构特征研究基于多种"流"空间关系,如知识流、资本流、交通流、信息流和人口迁徙流。这些"流"空间关系反映了城市间的联系特征。知识流空间网络研究通过论文合作发表(马海涛,2020)和人才流动(侯纯光等,2019)等数据,探索中国城市的创新和创业网络关联关系。资本流空间网络研究关注世界百强公司(赵新正等,2019)和物流企业(宗会明等,2020)的网络分布数据,以揭示城市发展网络结构特征及其影响因素。交通流空间网络研究聚焦于航空(李恩康等,2020)和铁路(焦敬娟等,2016)等主要交通模式,通过交通流来反映城市间的社会经济联系程度,并分析中国城市空间关联网络。信息流空间网络研究利用百度贴吧(邓楚雄等,2018)和新浪微博(甄峰等,2012)等数据,探讨城市间的信息交流关系。人口迁徙流空间网络分析基于百度(叶强等,2017)和腾讯(潘竟虎等,2019)的迁徙数据,对中国城市的迁徙网络进行深入研究。

就研究对象而言,不同"流"空间分析侧重点各异,均存在不足。例如,交通流研究多集中于单一交通工具,受建设成本、运载量、通勤时间等因素影响,缺乏系统性分析;信息流网络主要涵盖网络使用人群,未考虑未使用网络的中老年和青少年,可能导致误差;知识流和资本流样本更少,局限性更突出,只能反映特定领域特征。而人口流动作为生产要素在空间维度上的一种重新配置方式,其在特定地域内的迁徙与流动行为对于促进社会经济要素的重新集聚与扩散发挥着至关重要的作用(浩飞龙等,2023)。迁徙流覆盖人群广、交通方式全、具备"有

向"流动特征,是多种流的重要载体。城市网络结构研究方向也逐渐从"无向"交通流向"有向"迁徙流转变。"无向"交通流仅表征两城市间空间关系,而"有向"迁徙流可反映城市间迁出迁入量及净迁徙量,详细刻画城市对外联系强度。

在中国社会转型的关键时期,结合其发展阶段的历史背景与独特的文化背景,形成了春运这一种大规模人口流动导致的高交通运输压力现象(赵梓渝等,2017),导致了春节前后的人口迁徙网络与其他时段的迁徙网络呈现出了显著差异。因此,通过百度迁徙数据对中国城市迁徙网络的深入分析,我们可以更好地理解城市间的联系和互动关系,为城市规划、政策制定和区域发展提供科学依据。

本实验以春节前后人口流动作为应用场景,基于2023年春节前后(2023年1月20日和2023年1月28日)广东省百度迁徙数据,通过SuperMap和社会网络分析,对广东省人口流动和城市网络结构进行分析。

 二、实验目标与内容

1. 实验目标与要求

(1)学习使用 Gephi 软件,运用社会网络分析方法分析人流、物流等地理大数据。

(2)熟练掌握使用 SuperMap iDesktopX 对线要素进行空间可视化的方法。

(3)结合实际,掌握使用社会网络分析方法和 SuperMap 进行人流、物流等数据的空间分析的方法。

2. 实验内容

(1)春节前后人口迁徙流动分析。

(2)春节前后城市网络结构分析。

三、实验数据与思路

1. 实验数据

本实验研究数据来源于百度迁徙大数据平台(https://qianxi.baidu.com/),该数据通过数亿手机通信、App 使用定位用户行为轨迹,具有定位数据精度高、涵盖交通方式全、覆盖用户广等优势,可以更明显地反映中国城市联系网络。目前可获得的原始数据为每日城市迁徙规模与城市间迁徙比例(均包括流入和流出),两者的乘积即为城市间每日迁徙的量化可比指数,能够指示城市间人口流动的方向和体量,反映城市间联系强度,形成城市体系网络结构。

具体实验数据如表 11-1 所示。

表 11-1 数据明细表

数据名称	类型	描述
广东省地级市	SHP	广东省地级市矢量图层
2023bs_floating	EXCEL	广东省 2023 年春节前人口流动
2023as_floating	EXCEL	广东省 2023 年春节后人口流动
2023bs_contact	EXCEL	广东省 2023 年春节前城市联系强度
2023as_contact	EXCEL	广东省 2023 年春节后城市联系强度

2. 思路与方法

本研究采用百度迁徙数据，结合 SuperMap 和 Gephi 的强大数据处理与空间可视化功能，对中国地级市以上城市间的人口迁徙演变特征进行探索分析，以表征城市间的联系强度。对中国地级市进行社会网络分析，包括城市中心度分析、城市区块化分析。

1）中心度分析

城市中心度分析（degree centrality）通过计算城市与其他城市的联系程度，以表征该城市在整个网络集合中是否处于核心地位。一个城市的中心度越大意味着这个城市的度中心性越高、权力越高和地位越高，该城市在网络中就越重要。传统城市中心度分析多数集中在"无向"网络研究，鲜有研究将其用于有向网络研究。在有向网络研究中，城市中心度主要包括城市点出度、点入度和点中心度 3 种指标。其中，点出度指该点所直接指向的点总量，点入度指直接指向该点的点总量，点中心度指该点在区域网络中与其他点的交流能力。在计算过程中，度值都赋予了相应的指向边权重总和（张小东等，2021）。计算公式如下：

$$D^{\text{out}}(d_i) = \sum_{j=1}^{n} R_{ij,\text{out}} \tag{11-1}$$

$$D^{\text{in}}(d_i) = \sum_{j=1}^{n} R_{ij,\text{in}} \tag{11-2}$$

$$D(d_i) = \sum_{j=1}^{n} [D^{\text{out}}(d_i), D^{\text{in}}(d_i)] \tag{11-3}$$

式中：$D^{\text{out}}(d_i)$ 为城市 i 的点出度；$R_{ij,\text{out}}$ 为城市 i 到城市 j 的边权重；$D^{\text{in}}(d_i)$ 为城市 i 的点入度；$R_{ij,\text{in}}$ 为城市 j 到城市 i 的边权重；$D(d_i)$ 为城市 i 的中心度；n 为第 n 个城市。

2）城市区块化分析

采取 Louvain 算法对社区结构进行计算，利用"模块度"指标定量评价社区结构划分结果。"模块度"可以用来比较社区内部和社区间联系度的相对大小。模块度的高低则表示当前网络中社区结构的突出与否。计算公式为（李俊等，2021）

$$Q = \sum_{i=1}^{m} \left[\frac{l_i}{L} - \left(\frac{d_i}{2L} \right)^2 \right] \tag{11-4}$$

式中：Q 为模块度；m 为计算出的社区数量；L 为网络中人口迁徙联系总数；l_i 为第 i 个社区内人口迁徙联系数量；d_i 为社区 i 中与各城市节点相关联的联系数量总和。

实验十一　基于迁徙数据的中国城市网络结构分析

实验流程如图11-1所示。

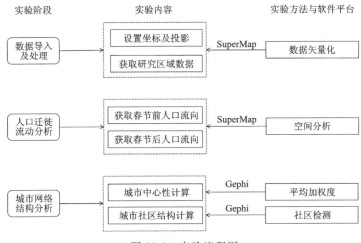

图 11-1　实验流程图

四、实验步骤

1. 导入广东省地级市文件并设置坐标系和投影

在工作空间管理器中,选择"导入数据集",将"广东省地级市.shp"文件导入,如图11-2所示。

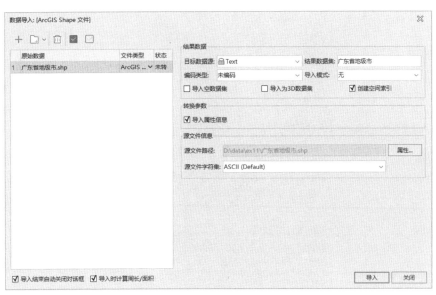

图 11-2　导入"广东省地级市.shp"数据

在工作空间管理器中右击"数据源",选择"导入数据集",将广东省地级市文件导入。

在功能区中选择"开始"→"数据处理"→"投影转换"→"数据集投影转换"。对广东省地级市矢量数据进行投影设置,在目标坐标系中选择"重新设定坐标系",投影坐标系选择

"UTM Zone 49",如图 11-3 所示。

图 11-3　广东省地级市矢量设置投影坐标系

2. 人口流向分析

右击"广东省地级市_Project"图层→"浏览属性表"→菜单栏点击"计算几何属性"。几何属性选取"质点坐标",如图 11-4 所示。

图 11-4　计算地级市质点坐标

实验十一　基于迁徙数据的中国城市网络结构分析

导入百度迁徙人口流动数据。在工作空间管理器中，选择"导入数据集"，分别将"2023as_floating""2023bs_floating"文件导入，如图 11-5 所示。

图 11-5　导入人口流向数据

将质心坐标连接到人口流动数据中。依次点击"工具箱"→"数据处理"→"矢量"→"追加列"。如图 11-6 所示，目标数据集选择"Dataset_2023bs_floating"，连接字段选择"城市"；源数据集选择"广东省地级市_Project"，连接字段选择"地名"，追加字段仅保留质点坐标字段（即"Inner_X"和"Inner_Y"），并改名为"O_X"和"O_Y"。此时得到起点的坐标，还需重复追加列，得到终点的坐标。目标数据集选择"Dataset_2023bs_floating"，连接字段选择"城市"；源数据集选择"广东省地级市_Project"，连接字段选择"地名"，保留质点坐标字段，并改名为"D_X"和"D_Y"。

构建城市两两连接线。依次点击"工具箱"→"类型转换"→"属性数据与空间数据互转"→"管线属性→线数据"。如图 11-7 所示，管线属性表数据集选择"Dataset_2023bs_floating"，管线起点字段选择"城市"，管线终点字段选择"城市来源"；管点属性表数据集选择"Dataset_2023bs_floating"，管点编码字段选择"城市来源"，X 坐标选择"D_X"，Y 坐标选择"D_Y"。

连接人口流向字段。依次点击"工具箱"→"数据处理"→"矢量"→"追加列"。目标数据集选择"春节人口流向_Line"，连接字段选择"SmID"；源数据集选择"Dataset_2023bs_floating"，连接字段选择"SmID"，需要追加的字段为"contact"，如图 11-8 所示。

制作专题图。鼠标左键点击"春节前人口流向_Line"选中该图层，然后依次点击软件上方菜单栏中"专题图"→"分段"→"默认"，右侧分段表达式选择"contact"。再根据具体要求调试线条风格，分段方法选择"对数分段"，段数选择"5"，最大值的箭头可更改风格选择"箭头线9"，结果如图 11-9 所示。从图中可发现春节前人口主要从珠三角地区流向其他城市。

图 11-6　通过数据连接得到质心坐标

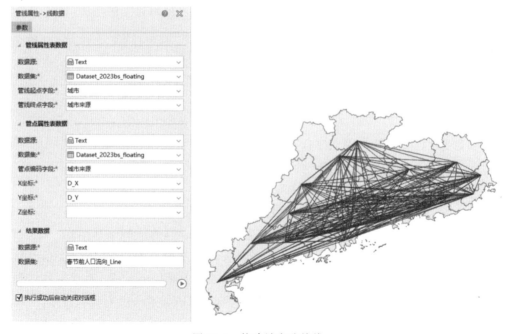

图 11-7　构建城市连接线

实验十一　基于迁徙数据的中国城市网络结构分析

图 11-8　追加 contact 字段至城市连接线

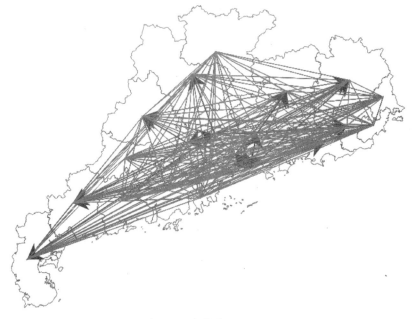

图 11-9　春节前人口流向

使用"2023as_floating"数据(即2023年春节后人口流动),重复上述操作,得到春节后人口流向图,如图11-10所示,从图中可以发现春节后人口主要从其他城市流向珠三角。

图 11-10 春节后人口流向

3. 城市网络结构分析

打开Gephi软件,点击左上角菜单栏"文件"→"导入电子表格",导入"2023bs_contact"(这里以春节前为例,完成该实验流程后,再以相同的操作对春节后的城市联系进行分析)。设置导入为"矩阵",点击"下一步",再点击"完成"。图的类型选择"有向的",如图11-11所示。

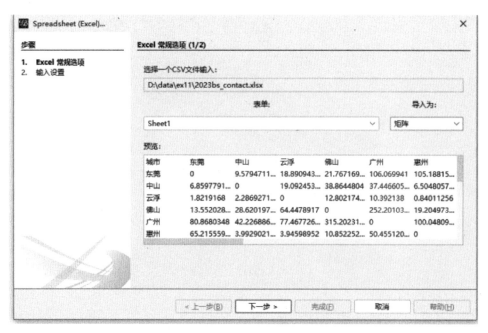

实验十一 基于迁徙数据的中国城市网络结构分析

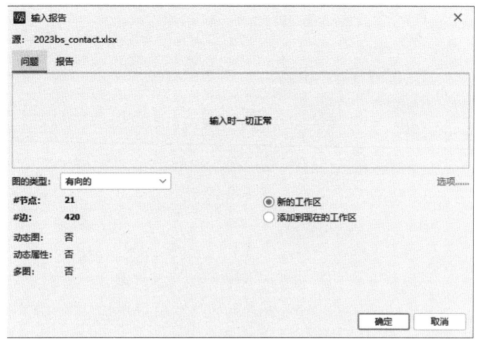

图 11-11 矩阵数据导入 Gephi

计算城市中心性。点击界面右边"网络概述"中的"平均加权度",得到中心度数值分布具体情况,具体数值在界面左上角的"数据资料"中,如图 11-12 所示。

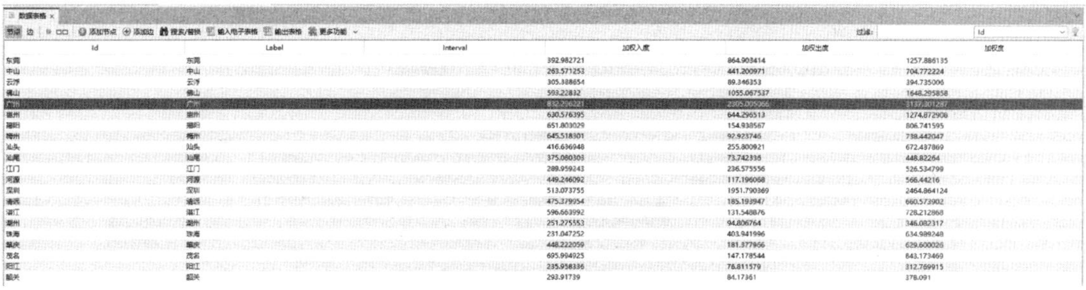

图 11-12 计算中心度

城市群分类。如图 11-13 所示,找到界面右边社区检测中的"模块化",点击"运行"即可在"数据资料"中得到共划分了几类城市群,每个数字代表一类城市群。

Gephi 图制作。界面左上角的外观调整,可以根据某一数值(这里以加权出度为例)调整节点的颜色、大小、标签颜色及尺寸。这里选择加权出度代表城市人口流出的系数,根据加权出度调整节点的大小和颜色。点击 按钮,在"排名"选择加权出度并选择一种颜色(同样对边的颜色进行调整);点击 按钮,在"排名"选择加权出度并设置最小尺寸为"15",最大尺寸为"40";点击界面下方 按钮显示标签(注:此时可能出现乱码的情况,可在按钮右侧选择更换成其他中文字体,如"微软雅黑");最后,可在"布局"工具栏中选择一种布局应用,或

图 11-13　模块化分析

手动拖动节点得到春节前城市间人口流动,如图 11-14 所示。从图中可以看出春节前广州、深圳、佛山、惠州、东莞人口流出较多。

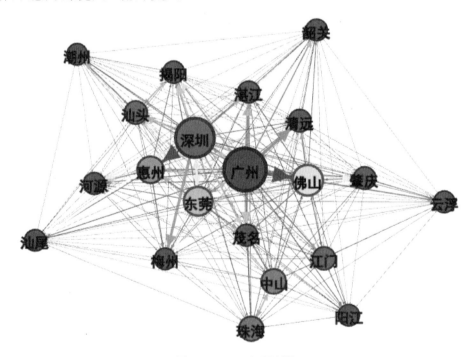

图 11-14　Gephi 图制作

数据导出。依次点击"数据资料"→"输出表格"→"选项",勾选要导出的列(加权出度、加权入度、加权度、Modularity Class),如图 11-15 所示,即可导出计算结果,以便后续在 SuperMap 中可视化。

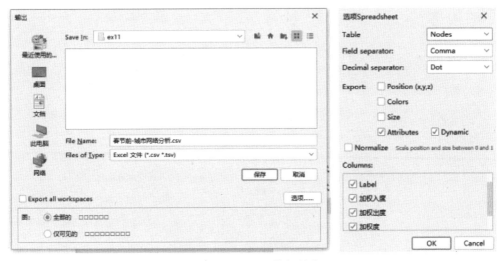

图 11-15　Gephi 数据导出

值得指出的是,数据导出后,"春节前-城市网络分析"表中可能存在中文乱码的情况,此时右击文件"春节前-城市网络分析":①选择"打开方式"-"记事本";②打开记事本后,点击左上方文件-"另存为";③编码选择 ANSI,覆盖原来的文件即可,如图 11-16 所示。

图 11-16　解决中文乱码问题

Gephi 计算后的数据(春节前-城市网络分析)导入 SuperMap。右击数据源-"导入数据集"。将计算好的文件导入,如图 11-17 所示。

更改属性表字段类型。导入属性表后,右击"数据",选择"属性",在界面右侧,找到"属性结构"进行字段类型更改,由"文本型"改成"32 位整型",再点击"应用",如图 11-18 所示。

在工具箱中选择"数据"→"数据处理"→"追加列"。目标数据集选择"广东省地级市_Project",连接字段选择"地名";源数据集选择"春节前_城市网络分析",连接字段选择"Id",追加字段将 Gephi 计算得到的数据连接到对应的城市中,如图 11-19 所示。

图 11-17 将 Excel 表数据导入

图 11-18 字段类型更改   图11-19 将 Excel 表数据与地级市 SHP 文件连接

计算人口流向重心。在界面上方菜单栏中依次点击"空间统计分析"→"度量地理分布"→"平均中心"。数据集选择"广东省地级市_Project",在权重字段中选择"weighted_indegree",计算得到春节前人口迁入重心,如图 11-20 所示。重复操作,选择"weighted_outdegree"则得到春节前人口迁出重心。

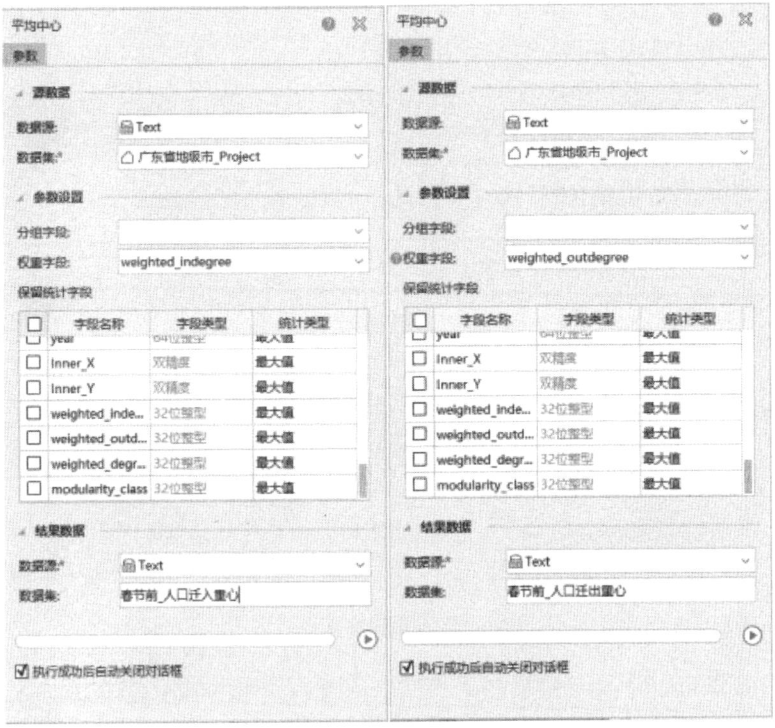

实验十一 基于迁徙数据的中国城市网络结构分析

图 11-20 平均中心参数设置

通过连线将"人口迁出重心"指向"人口迁入重心"。工具箱中选择"数据处理"→"矢量"→"追加行"。目标数据集选择"春节前_人口迁出重心",源数据添加"春节前_人口迁入重心",将迁入重心属性加入迁出重心中。工具箱中选择"类型转换"→"点、线、面类型互转"→"点数据→线数据",参数设置如图 11-21 所示。

图 11-21 参数设置

更换"春节前_人口流向"线数据的图层风格,选择"箭头线10",得到2023年春节前广东省人口整体流动方向,如图11-22所示。

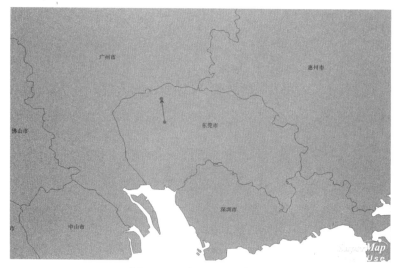

图11-22 春节前人口流向

对"广东省地级市_Project"数据根据不同字段进行空间可视化。在界面上方菜单栏中点击"专题图"→选择"分段"→点击"默认",得到界面右侧专题图设置栏。在分段表达式中分别选择"weighted_indegree""weighted_outdegree""weighted_degree""modularity_class",分析城市人口流入、流出、整体中心性和城市群划分情况,如图11-23所示。图11-24～图11-27分别为春节前城市入度、出度、中心度及城市群分类可视化结果。

图11-23 专题图制作

实验十一 基于迁徙数据的中国城市网络结构分析

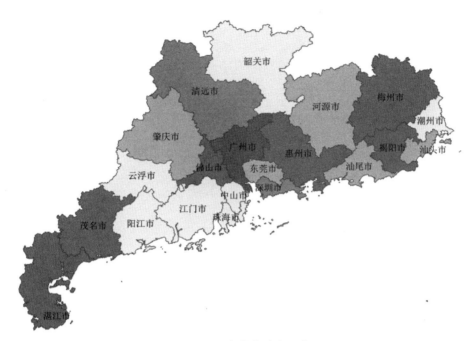

图 11-24 春节前城市入度

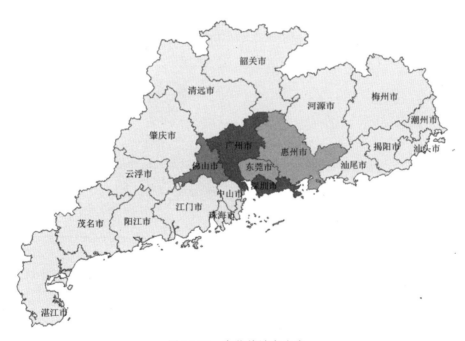

图 11-25 春节前城市出度

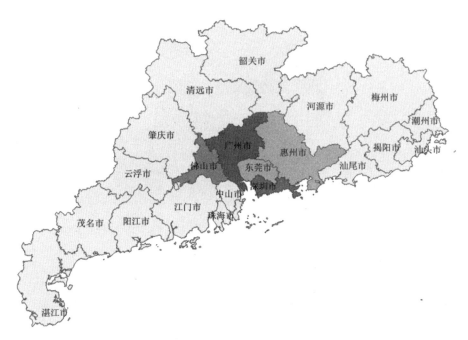

图 11-26 春节前城市中心度

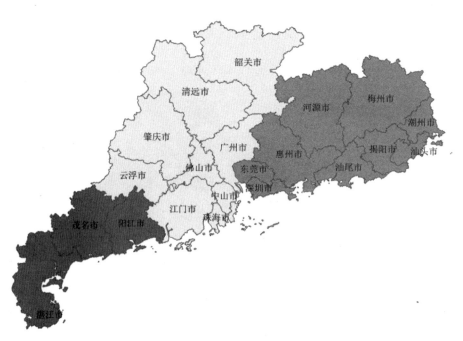

图 11-27 春节前城市群分类

实验十一　基于迁徙数据的中国城市网络结构分析

在完成上述操作的基础上,利用春节后的实验数据重复执行相同的操作,从而全面获取春节人口流向的整体情况。图 11-28~图 11-32 为春节后的人口流向、城市出入度、中心度和城市群分类的可视化结果。

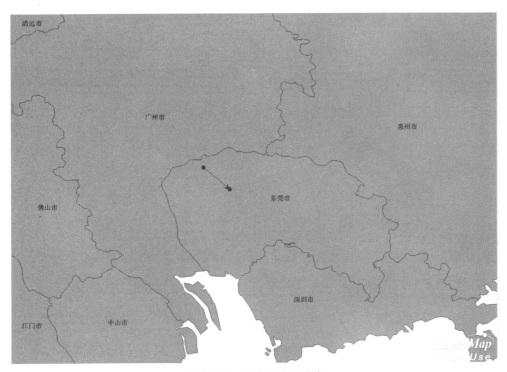

图 11-28　春节后人口流向

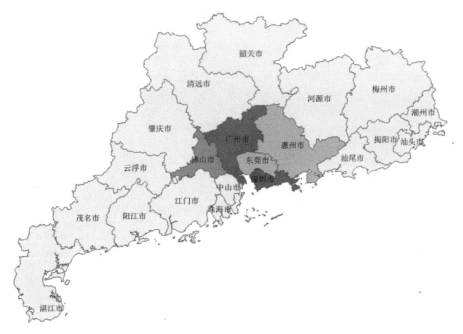

图 11-29　春节后城市入度

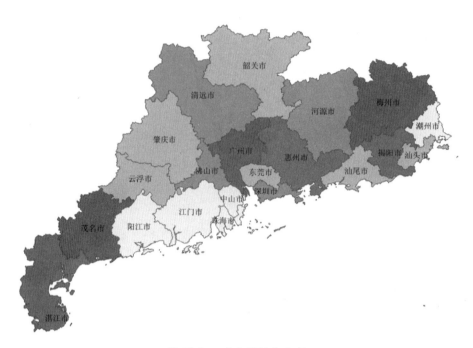

图 11-30　春节后城市出度

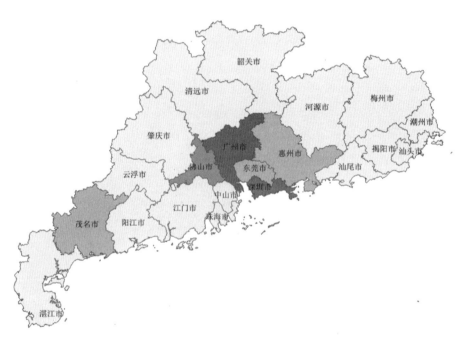

图 11-31　春节后城市中心度

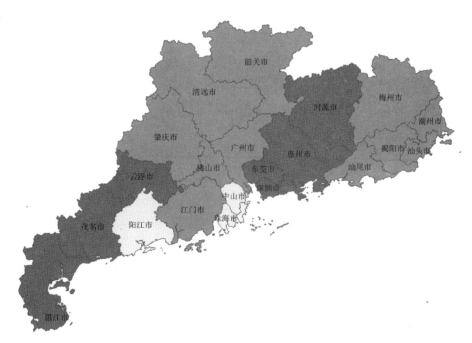

图 11-32 春节后城市群分类

参 考 文 献

游悠洋,杨浩然,王姣娥,2020."高铁流"视角下的中国城市网络层级结构演变研究[J].世界地理研究,29(4):773-780.

马海涛,2020.知识流动空间的城市关系建构与创新网络模拟[J].地理学报,75(4):708-721.

赵新正,李秋平,芮旸,等,2019.基于财富 500 强中国企业网络的城市网络空间联系特征[J].地理学报,74(4):694-709.

宗会明,吕瑞辉,2020.基于物流企业数据的 2007—2017 年中国城市网络空间特征及演化[J].地理科学,40(5):760-767.

李恩康,陆玉麒,杨星,等,2020.全球城市网络联系强度的时空演化研究:基于 2014—2018 年航空客运数据[J].地理科学,40(1):32-39.

焦敬娟,王姣娥,金凤君,等,2016.高速铁路对城市网络结构的影响研究:基于铁路客运班列分析[J].地理学报,71(2):265-280.

邓楚雄,宋雄伟,谢炳庚,等,2018.基于百度贴吧数据的长江中游城市群城市网络联系分析[J].地理研究,37(6):1181-1192.

甄峰,王波,陈映雪,2012.基于网络社会空间的中国城市网络特征:以新浪微博为例[J].地理学报,67(8):1031-1043.

叶强,张俪璇,彭鹏,等,2017.基于百度迁徙数据的长江中游城市群网络特征研究[J].经济地理,37(8):53-59.

潘竟虎,赖建波,2019.中国城市间人口流动空间格局的网络分析:以国庆-中秋长假和腾讯迁徙数据为例[J].地理研究,38(7):1678-1693.

浩飞龙,吴潇然,关皓明,等,2023.基于百度迁徙数据的东北地区城市"层级-网络"结构[J].地理科学,43(2):251-261.

赵梓渝,魏冶,庞瑞秋,等,2017.中国春运人口省际流动的时空与结构特征[J].地理科学进展,36(8):952-964.